高职高专规划教材

工程测量实训教程

李　仲　编著

北　京

冶金工业出版社

2014

内 容 提 要

本书对工程测量中使用的各测量仪器的构造、功能作了详细说明，并深入介绍了各种测量仪器的检验校正与正确使用方法，重点阐述了工程测量的方法及其在实际工程测量中的应用；针对工程测量的特点，编制了实训指导内容及相应的实施考核办法，内容全面详实，重点突出，可操作性强；书末附有与前述内容对应的实训报告共17篇，供学生完成实训作业使用；另附有常规测量仪器技术指标及用途、工程测量规范摘要等，可供参阅。

本书为高职高专教材，也可供各类学校教学使用或工程技术人员参考。

图书在版编目（CIP）数据

工程测量实训教程/李仲编著. —北京：冶金工业出版社，2005.10（2014.7 重印）

高职高专规划教材

ISBN 978-7-5024-3822-7

Ⅰ. 工…　Ⅱ. 李…　Ⅲ. 工程测量—高等学校：技术学校—教材　Ⅳ. TB22

中国版本图书馆 CIP 数据核字（2005）第 099038 号

出 版 人　谭学余
地　　　址　北京北河沿大街嵩祝院北巷 39 号，邮编 100009
电　　　话　(010)64027926　电子信箱　yjcbs@cnmip.com.cn
责任编辑　宋　良　杨　敏　美术编辑　李　新
责任校对　王贺兰　李文彦　责任印制　牛晓波
ISBN 978-7-5024-3822-7
冶金工业出版社出版发行；各地新华书店经销；三河市双峰印刷装订有限公司印刷
2005 年 10 月第 1 版，2014 年 7 月第 4 次印刷
787mm×1092mm　1/16；12.75 印张；338 千字；193 页
24.00 元

冶金工业出版社投稿电话：(010)64027932　投稿信箱：tougao@cnmip.com.cn
冶金工业出版社发行部　电话：(010)64044283　传真：(010)64027893
冶金书店　地址：北京东四西大街 46 号(100010)　电话：(010)65289081(兼传真)
（本书如有印装质量问题，本社发行部负责退换）

前　言

本书是根据中国钢协"十一五"高职高专教材建设规划编写而成。

高职高专教育的特点是注重理论与实践相结合，特别强调培养学生的创新思维和实际动手能力。测量课程是一门操作性很强的技术性课程，授课时要进行课间实验实训，课程结束后要进行测量综合实训，因此，编写一本测量实训教材非常必要。

本书内容包括测量实训须知、测量课间实训、电子经纬仪的使用、全站仪的使用、测量综合实训指导及附录等。

本书主要适用高等职业技术学院、高等专科学校、职工大学、成人教育学院大专层次开设测量课程的各专业使用，也可供中等专业学校和技工学校开设测量课程的各专业使用。

本书稿承蒙山西工程职业技术学院贾鹏程副教授审阅，提出了很多宝贵意见和建议，谨在此一并表示感谢。

由于编者水平有限，书中难免存在缺点和不足，敬请读者批评指正。

编　者
2005 年 6 月

目 录

1 测量实训须知

测量实训是建筑工程测量教学中很重要的教学环节，只有通过仪器操作、观测、记录、计算、绘图等实训，才能巩固课堂所学的基本理论，掌握仪器操作的基本技能和测量作业的基本方法。因此，必须重视测量实训。

实训前准备工作

实训前，学生要认真阅读本实训指导书，并根据实训内容复习教材中的有关章节；弄清实训目的与要求、实训方法和步骤及注意事项，按实训指导书中的要求准备好铅笔、计算器、三角板等所需文具；各班要分成若干实训小组，每组设组长一人。

1.1 实训目的与要求

1.1.1 实训目的

（1）掌握测量仪器的操作方法。

（2）掌握正确的观测、记录和计算方法，能求出正确的测量结果。

（3）巩固并加深课堂所学的基本理论，做到理论与实际相结合。

1.1.2 实训要求

（1）实训开始前，以小组为单位到测量实训室领取仪器和工具，做好仪器使用登记工作。领到仪器后，到指定实训地点集中，待实训指导教师作全面讲解后，方可开始实训。

（2）对实训规定的各项内容，小组内每人均应轮流操作，实训报告应独立完成。

（3）实训应在规定时间内进行，不得无故缺席、迟到或早退；实训应在指定地点进行，不得擅自变更地点。

（4）必须遵守本实训指导书所列的"测量仪器工具的借用规则"和"测量记录与计算的规则"。

（5）应认真听取教师的指导，实训的具体操作应按实训指导书的要求、步骤进行。

（6）实训中出现仪器故障、工具损坏和丢失等情况时，必须及时向指导教师报告，不可随意自行处理。

（7）实训结束时，应把观测记录和实训报告交实训指导教师审阅，经教师认可后方可收拾和清理仪器工具，归还仪器室。

1.2 测量仪器借用规则

测量仪器精密贵重，对测量仪器的正确使用、精心爱护和科学保养，是测量工作人员必须具备的素质和应该掌握的技能，也是保证测量成果质量、提高工作效率和延长仪器使用寿命的必要条件。测量仪器工具的借用者必须遵守以下规则：

（1）每次实训前，以小组为单位。由组长（或指定专人）向仪器室领借仪器、工具，借用者应当场清点检查，若有不符，当即向发放人说明，以分清责任。领借仪器、工具时，必须遵守仪器室的制度，做到不随地吐痰、不大声喧哗。

（2）领借仪器时，无关人员到实训现场等候，不准在走廊内喧哗。

（3）各组借用的仪器、工具，不许任意转借或调换；若发现丢失、损坏，应立即向指导教师和仪器室报告，并填写"仪器损坏报告单"，视情节轻重，接受适当处理。

（4）实训完毕，应清理仪器工具上的泥土，及时收装仪器工具，送还仪器室，待仪器发放人检查验收后方可离开。

1.3　测量仪器、工具的正确使用和维护

1.3.1　常规测量仪器使用和维护

（1）携带仪器时，检查仪器箱是否锁好，提手和背带是否牢靠。

（2）开箱时将箱子置于平稳处；开箱后注意观察仪器在箱内安放的位置，以便用完按原样放回，避免因放错位置而盖不上箱盖。

（3）拿取仪器前，应将所有制动螺旋松开；拿仪器时，对水准仪应握住基座部分，对经纬仪应握住支架部分，严禁握住望远镜拿取仪器。

（4）安置仪器三脚架之前，应将架高调节适中，拧紧架腿螺丝；安置时，先使架头大致水平，然后一手握住仪器，一手拧连接螺旋。

（5）野外作业时，必须做到：

1）人不离仪器，严防无人看管仪器；切勿将仪器靠在树上或墙上；严禁小孩摆弄仪器；严禁在仪器旁打闹；

2）在阳光下或雨天作业时必须撑伞遮阳，以防日晒和雨淋；

3）透镜表面有尘土或污物时，应先用专用毛刷清除，再用镜头纸擦拭，严禁用手绢、粗布等物擦拭；

4）各制动螺旋切勿拧得过紧，以免损伤；各微动螺旋切忌旋至尽头，以免失灵；

5）转动仪器时，应先松开制动螺旋，动作力求准确、轻捷，用力要均匀；

6）使用仪器时，对其性能不了解的部件，不得擅自使用；

7）仪器装箱时，须将各制动螺旋旋开；装入箱后，小心试关一次箱盖，确认安放稳妥之后再制动各螺旋，最后关箱上锁；

8）仪器远距离迁站时，应装箱搬运。其余情况下，应一手握住仪器，另一手抱拢脚架竖直地搬移，切忌扛在肩上迁站。罗盘仪迁站时，应将磁针固定，使用时再松开。

1.3.2　测量工具使用和维护

（1）钢尺须防压（穿过马路量距时应特别注意车辆）、防扭、防潮，用毕应擦净上油后再卷入盒内。

（2）皮尺应防潮湿，一旦潮湿，须晾干后卷入盒内。

（3）水准尺、花杆禁止横向受力，以防弯曲变形；作业时，应由专人认真扶持，不用时安放稳妥，不得垫坐，不准斜靠在树上、墙上等以防倒下摔坏，要平放在地面或可靠的墙角处。

（4）不准拿测量工具进行玩耍。

1.3.3　全站仪及其他光电仪器的正确使用与保护方法

电子经纬仪、电磁波测距仪、全站仪、GPS 接收机等光电测量仪器，除应按上述普通光学

仪器进行使用和保养外，还应按电子仪器的有关要求进行使用和保养。特别应注意以下几点：

（1）尽量选择在大气稳定、通视良好的时候观测。

（2）避免在潮湿、肮脏、强阳光下以及热源附近充电。

（3）不要把仪器存放在湿热环境下。使用前，要及时打开仪器箱，使仪器与外界温度一致。应避免温度剧变使镜头起雾，从而影响观测成果质量和工作效率（如全站仪会缩短仪器测程）。

（4）观测时不要将望远镜直视太阳。

（5）观测时，应尽量避免日光持续暴晒或靠近车辆热源，以免降低仪器精度和效率。

（6）使用测距仪或全站仪望远镜瞄准反射棱镜进行观测时，应尽量避免在视场内存在其他反射面如交通信号灯、猫眼反射器、玻璃镜等。

（7）在潮湿的地方进行观测时，观测完毕将仪器装箱前，要立即彻底除湿，使仪器完全干燥。

（8）要养成及时关闭电源的良好习惯。在进行仪器拆接时，一定要关闭电源。一般电子仪器的微处理器（电子手簿）都有内置电池，不会因为关闭电源而丢失数据。另外，长时间不观测又不关闭电源时，不仅会浪费电量，且容易误操作。

1.4 测量记录与计算规则

（1）所有观测成果均用绘图铅笔（H～3H）记录在专用表格内，不得先记在零星纸上，再行转抄。

（2）字体力求工整、清晰，按稍大于格的一半的高度填写，留出可供改错用的空隙。

（3）记录数字要齐全，不得省略必要的零位，如水准读数 1.600，不能写作 1.6；度盘读数 185°00′06″不能写 185°0′6″或 185°6″。普通测量记录的位数规定见表1-1。

表1-1　测量数据单位及记录的位数

测量种类	数字的单位	记录位数	测量种类	数字的单位	记录位数
水　准	米（m）	小数点后 3 位	角度的分	分（′）	2 位
量　距	米（m）	小数点后 3 位	角度的秒	秒（″）	2 位

（4）观测者读出读数后，记录者要复诵一遍，以防听错、记错。

（5）禁止擦拭、涂改和挖补数据。记录数字如有差错，不准用橡皮擦去，也不准在原数字上涂改，应根据具体情况进行改正：如果是米、分米或度位数字读（记）错，则可在错误数字上划一斜线，保持数据部分的字迹清楚，同时将正确数字记在其上方；如为厘米、毫米、分或秒位数字读（记）错，则该读数无效，应将本站或本测回的全部数据用斜线划去，保持数据部分的字迹清楚，并在备注栏中注明原因，然后重新观测，并重新记录。测量过程中，不准更改的数据及重测范围规定见表1-2。

表1-2　不得更改的测量数据数位及应重测的范围

测量种类	不准更改的数位	应重测的范围	测量种类	不准更改的数位	应重测的范围
水　准	厘米及毫米的读数	该测站	竖　角	分及秒的读数	该测回
水平角	分及秒的读数	该测回	量　距	厘米及毫米的读数	该尺段

（6）按"四舍五单双，过五就进上"的原则进行小数位的取舍，例如要保留三位小数，则 3.233499≈3.233，3.233500≈3.234，1.224500≈1.234，4.234501≈4.235。

（7）每测站观测结束后，必须在现场完成规定的计算和检核，确认无误后方可迁站，严禁因超限等原因而更改观测记录数据。一经发现，将取消实训成绩并严肃处理。

2 测量课间实训

2.1 水准测量实训指导

水准测量是高程测量的主要方法，水准测量使用的仪器是水准仪。本节安排水准仪的认识与使用，普通水准测量，微倾式水准仪的检验与校正三个实训内容。

2.1.1 实训1 水准仪的认识与使用

2.1.1.1 实训目的与要求

(1) 认识水准仪的构造、各部件的名称和作用。

(2) 初步掌握水准仪使用的步骤和方法。

(3) 测量地面上两点间的高差。

(4) 要求每人安置一至两次水准仪，测定地面上两点间的高差。

2.1.1.2 实训仪器及工具

(1) DS3 水准仪 1 台（外形见图 2-1），水准尺 1 把，视需要加测伞 1 把。

(2) 铅笔 1 支（自备）。

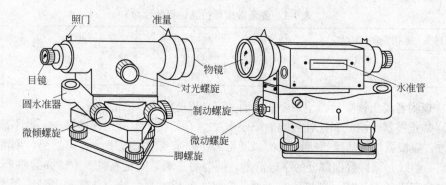

图 2-1

2.1.1.3 实训方法和步骤

A 认识水准仪的构造、各部件的名称及作用

先由实训指导教师集中讲解，然后学生操作仪器。

B 水准仪的使用

a 安置仪器

(1) 松开三脚架，使架头大致水平，并使其高度适中，对泥土地面，应将三脚架的脚尖踩入土中，以防仪器下沉，对水泥地面，要采取防滑措施，对倾斜地面，应将三脚架的一个脚安放在高处，另两只脚安置在低处。

(2) 打开仪器箱，记住仪器的摆放位置，以便仪器装箱时按原位放回。将水准仪从箱中取出，用中心连接螺旋连在三脚架上，中心连接螺旋松紧要适度。

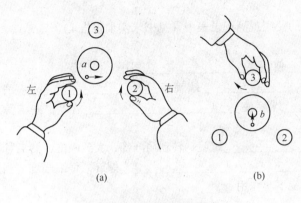

图 2-2 水准仪粗略整平

b 粗平

粗平就是旋转脚螺旋使圆水准器气泡居中，从而使仪器大致水平。

（1）先旋转任意两个脚螺旋，将圆水准器气泡调至与这两个脚螺旋方向相垂直的位置线上，脚螺旋的旋转方向与气泡移动方向之间的规律是：气泡移动的方向与左手大拇指转动脚螺旋的方向一致，与右手大拇指转动方向相反。如图 2-2 所示，可先转动①、②两个脚螺旋，使气泡从图 2-2(a)所示 a 点位置转至图 2-2(b)所示 b 点位置。

（2）转动脚螺旋③使气泡居中。（旋转脚螺旋时为了快速粗平，对坚实地面，可固定脚架的两个腿，一手扶住脚架顶部，另一手握住第三条腿作前后左右移动，眼看着圆水准器气泡，使之离中心不远，然后再用脚螺旋粗平）。

（3）若第（2）步仍不能使气泡居中，则应重复上述两步工作，直到气泡居中为止。

若从仪器构造上理解脚螺旋的旋转方向与气泡移动方向之间的规律，则为：气泡在哪个方向，则仪器哪个方向位置高；脚螺旋顺时针方向（俯视）旋转，则此脚螺旋位置升高，反之则降低。

c 瞄准

先用望远镜上的照门和准星粗略瞄准水准尺，将仪器制动；转动目镜对光螺旋调清十字丝、再转动物镜对光螺旋使水准尺分划成像清晰，消除视差后，再转动微动螺旋使十字丝交点精确瞄准水准尺。

d 精平

精平就是转动微倾螺旋使水准管气泡居中，即在目镜旁的气泡观察窗内看到"U"形影像，即使水准管气泡两端的半边影像吻合成圆弧抛物线形状（如图 2-3 所示）。

e 读数

精平后立即读取中丝在水准尺上所截取的读数，读数时须从上到下，从小到大，并估读到毫米。读完数立即检查仪器是否仍精平，若气泡偏离较大，需重新调平再读数。

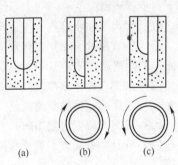

图 2-3 水准管气泡的居中

C 测定地面上两点间的高差

（1）在地面选定 A、B 两个固定点，并在点上立水准尺。

（2）在 A、B 两点间安置水准仪，并使仪器至两点间距离大致相等。

（3）瞄准后视点 A（设 A 点高程已知，$H_A = 100.000m$），精平后读后视读数 a，记入记录表中。

（4）瞄准前视水准尺 B，精平后读前视读数 b，记入记录表中。

（5）计算 A、B 间的高差 h_{AB}。$h_{AB} = a - b$。

（6）计算 B 点的高程 H_B。$H_B = H_A + h_{AB}$。

同组成员轮流按上述步骤操作，所测高差互差不大于 ±6mm。

2.1.1.4 实训报告

将实训数据填入实训报告1和水准仪的使用观测记录表中（见书末实训报告1）。

2.1.1.5 思考题

(1) 粗平是调节_____使_____居中。

(2) 读数前，应先调节_____螺旋使_____清晰，然后再调节_____螺旋使_____清晰，并消除_____。

(3) 瞄准水准尺，应先松开_____螺旋，转动照准部，大致瞄准，然后拧紧_____螺旋，转动_____螺旋，仔细瞄准。当_____时，微动螺旋不起作用。

2.1.2 实训2 普通水准测量

2.1.2.1 实训目的与要求

(1) 进一步熟练掌握水准仪的使用步骤和方法。

(2) 掌握普通水准测量的观测、记录、计算及计算检核的方法。

(3) 掌握闭合差的调整及高程计算的方法。

2.1.2.2 实训仪器及工具

(1) DS3水准仪1台，水准尺2把，尺垫2个，视需要加测伞1把。

(2) 记录板1个，铅笔、计算器（自备）。

2.1.2.3 实训方法与步骤

先在指定场地上选定一已知高程点A（其高程由教师给出），然后选一条至少能测五个站的闭合（或附合）水准路线，在路线中间位置选取一个坚固点B作为待测高程点。参阅图2-4按下列步骤施测：

(1) 甲尺手在水准点A上立尺（A上不放尺垫），观测者在闭合水准路线上的适当位置1处（距A不宜超过50m）安置水准仪，乙尺手步量A1的距离，并从仪器起在去B的路线上步量同样的距离后，选转点TP$_1$，以尺垫标志，并在尺垫上立尺。

(2) 观测者操作水准仪按一个测站上的程序瞄准后视尺（本站为甲尺），精平后读后视读数a$_1$，记入手簿；再瞄准前视尺（本站为乙尺），精平后读前视读数b$_1$，记入手簿。

(3) 升高或降低仪器10cm以上，重新安置仪器并重复第（2）步工作。

(4) 计算测站高差，若两次测得高差之差小于或等于6mm，取平均值作为本站高差并记

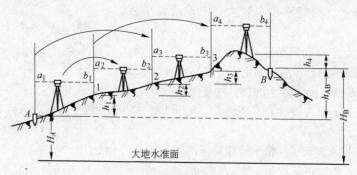

图2-4 水准测量

入观测手簿。

(5) 观测者将水准仪搬至适当位置处安置,同时甲尺手将尺移至转点 TP$_2$(注意用目估或步量使前、后视距离大致相等),以尺垫标志,并在尺垫上立尺,TP$_1$ 处的乙尺不动。

(6) 观测者后视 TP$_1$ 读 a_2,记入手簿;前视 TP$_2$ 读 b_2,记入手簿,并重复第 3、4 步工作。

(7) 同法继续进行,最后测回到 A 点(或另一个已知水准点)。

(8) 计算检核: $\sum_{i=1}^{n} a_i - \sum_{i=1}^{n} b_i = \sum_{i=1}^{n} h_i$

(9) 根据已知点高程及各测站的高差,计算水准路线的高差闭合差,并检查高差闭合差是否超限,其计算与调整限差公式为

$$f_{h容} = \pm 12 \sqrt{n}(\text{mm})$$

或

$$f_{h容} = \pm 40 \sqrt{L}(\text{mm})$$

式中 n——测站数;

L——水准路线的长度,km。

(10) 若高差闭合差在容许范围内,则对高差闭合差进行调整计算待定点的高程,若超限,重测。参见《建筑工程测量》教材。

2.1.2.4 实训报告

将实训数据填入水准测量记录表中(见书末实训报告 2)。

2.1.2.5 思考题

(1) 水准测量时,_____距离和_____距离应大致相等。

(2) 读数前,要消除_____,并注意使_____居中。

(3) 检验高差计算是否正确,是看 _____ 是否等于_____;检验高差观测是否正确,是看_____是否等于或小于_____。

2.1.3 实训 3 微倾式水准仪的检验与校正

2.1.3.1 实训目的与要求

(1) 了解水准仪的主要轴线间及它们之间应满足的几何条件。

(2) 初步掌握水准仪检验和校正的方法。

2.1.3.2 实训仪器及工具

(1) 水准仪 1 台,水准尺 2 把,尺垫 2 个,皮尺 1 把,视需要加测伞 1 把。

(2) 铅笔(自备)。

2.1.3.3 实训方法和步骤

A 一般性检验

检查三脚架是否稳固,安置仪器后检查制动和微动螺旋、微倾螺旋、脚螺旋转动是否灵活,是否有效,记录在实训报告中。

B 圆水准器轴平行于仪器竖轴的检验和校正

a 检验

转动脚螺旋使圆水准器气泡较好地居中,然后将仪器转 180°,若气泡居中,则条件满足,否则需要校正。

b 校正

先用钢笔点出气泡偏离量的一半的位置，再校正；用校正针旋松圆水准器底部中间固定螺旋，然后拨动水准器底部的三个校正螺丝，使气泡退回偏离量的一半，余下的一半转脚螺旋使气泡居中，重复检验校正，直到条件满足为止，校毕，须将底部中间固定螺旋拧紧。

C　十字丝横丝垂直于仪器竖轴的检验和校正

a　检验

上一项检验和校正完毕后，将仪器粗平，再用十字丝交点瞄准一明细点，并转动微动螺旋使该点相对移动至横丝一端，若该点始终在横丝上移动，则条件满足，否则需要校正。

b　校正

旋下十字丝分划板护罩，用螺丝刀松开十字丝分划板座的三个固定螺丝，微微转动十字丝分划板，使横丝切准该点。最后将固定螺丝拧紧。

D　视准轴平行于水准管轴检验和校正

a　检验

在平坦的地面上选相距 $60 \sim 80\mathrm{m}$ 的两固定点 A、B（可用木桩标志点位，皮尺量距），并量距找出其连线的中点 C；将仪器安置在 C 点，用变动仪器高法测出 A、B 之高差，两次观测高差之差 $\leqslant 3\mathrm{mm}$ 时取平均值作为两点间的正确高差，记作 h_{AB}；再在距 B 点 $3 \sim 4\mathrm{m}$ 处安置水准仪，分别瞄准 A、B 并精平后读数 a'、b，若 $a' \neq b + h_{AB}$，且误差 $> \pm 4\mathrm{mm}$ 时，需要校正。

b　校正

瞄准 A 尺，转动微倾螺旋使十字丝横丝切准 A 尺应读数 $a = b + h_{AB}$，此时水准管气泡发生偏离；用校正针拨水准管一端的上下两个校正螺丝使水准管气泡居中。注意在用校正针松紧上、下两个校正螺丝前，应先略微旋松左右两个校正螺丝，校毕，盖上保护盖。

注意：上述各项检校顺序不能改变。

2.1.3.4　实训报告

完成书末实训报告3。

2.1.3.5　思考题

(1) 水准仪有哪几条轴线，它们满足的几何条件是什么？

(2) 水准仪检验的内容有哪些，各项检验的具体方法是什么？

2.2　角度测量实训指导

2.2.1　实训4　经纬仪的认识及使用

2.2.1.1　实训目的与要求

(1) 认识 DJ_6 经纬仪的构造、了解各部件的名称及其作用。

(2) 练习经纬仪对中、整平、照准和读数的方法，掌握基本操作要领。

(3) 要求对中误差小于 $3\mathrm{mm}$，整平误差小于一格。

2.2.1.2　实训仪器及工具

(1) 经纬仪1台，花杆1根，小木桩1个，小钉2个。

(2) 铅笔1支（自备）。

2.2.1.3　实训方法和步骤

A　经纬仪的构造

先由实训指导教师集中讲解，了解各部件的名称及作用，然后学生操作仪器。

B　经纬仪的使用

先在地面上任选一点，打上木桩，桩顶钉一小钉或划一十字线作为测站点，在水泥地面上也可直接画一十字交点作为测站点，离经纬仪 30～40m 处打一木桩，桩顶钉钉，桩上立铅笔（或花杆），然后按下列步骤使用仪器。

a 用垂球对中及经纬仪整平的方法

（1）松开三脚架，调节架腿长度，使其高度适中，架头大致水平。

（2）从箱中取出仪器装于架上，使其位于架头中部。

（3）挂上垂球，挪动三脚架或在架头上平移仪器，使垂球尖准确对准测站点（误差小于 3mm），再拧紧连接螺旋。

（4）松开水平制动螺旋，转动照准部，使水准管和任意两脚螺旋的连线平行，并旋转相应的两脚螺旋使气泡居中。

（5）将照准部转 90°，旋转第三个脚螺旋使气泡居中如图 2-5。

（6）重复（4）、（5），直至照准部转至任何位置时气泡偏离量小于一格为止。

（7）检查仪器对中情况，对中符合要求则仪器安置完毕，否则应重复上述（3）至（6）步工作。

b 用光学对中器对中及经纬仪整平的方法

（1）松开三脚架，调节架腿长度，使其高度适中，架头大致水平。

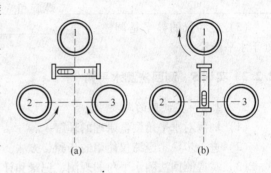

图 2-5 仪器整平

（2）从箱中取出仪器装于架上，使其位于架头中部。

（3）旋转光学对点器的目镜，使对点分划圈清晰，并内推或外拉该目镜，看清地面点。

（4）分别旋转三个脚螺旋使测站点与对中器的刻划圈中心重合，光学对中器对中误差一般为 1mm。

（5）调节三脚架的高度，使圆水准器气泡居中。

（6）松开水平制动螺旋，转动照准部，使水准管和任意两脚螺旋的连线平行，并旋转相应的两脚螺旋使气泡居中。

（7）将照准部转 90°，旋转第三个脚螺旋使气泡居中如图 2-5。

（8）重复（6）、（7），直至照准部转至任何位置时气泡偏离量小于一格为止，旋紧中心螺旋。

（9）检查仪器对中情况，对中符合要求则仪器安置完毕，否则应重复上述（4）至（8）步工作。

c 瞄准

（1）转动目镜调焦螺旋使十字丝清晰。

（2）松开望远镜制动螺旋，用粗瞄器瞄准花杆或铅笔底部后将水平和望远镜制动螺旋制动。

（3）转动物镜调焦螺旋使目标成像最清晰，用竖直和水平微动螺旋使十字丝交点附近的竖丝精确切准（单丝）或夹准（双丝）木桩上的小钉。

（4）眼睛左右微微移动，检查有无视差存在，如有视差则应消除视差。

d 读数

（1）打开并调整读数反光镜的方向，使读数窗内的亮度适中，旋转读数显微镜的目镜，使读数窗分划清晰，并注意区分水平度盘与竖直度盘的读数窗。

（2）对于分微尺读数的仪器，读数时先根据分微尺中的度盘分划注记线读出度数，在分微尺上读取小于1°的读数，并估读出0.1′。

2.2.1.4　实训报告

完成书末实训报告4。

2.2.1.5　思考题

（1）光学经纬仪由_____、_____和_____三部分组成。

（2）经纬仪在水平方向的转动是由_____螺旋和_____螺旋控制，望远镜在垂直方向内的转动是由_____螺旋和_____螺旋控制。

（3）经纬仪的整平是调整_____使_____居中，从而使____处于水平位置。

2.2.2　实训5　测回法测水平角

2.2.2.1　实训目的与要求

（1）加深对水平角测量原理的理解。

（2）进一步熟悉经纬仪使用的步骤、方法。

（3）掌握测回法测水平角的观测、记录和计算方法。

（4）要求每人至少测一测回，上、下半测回互差不超过 ±40″。

2.2.2.2　实训仪器及工具

（1）DJ$_6$光学经纬仪1台。

（2）铅笔、小刀（自备）。

2.2.2.3　实训方法和步骤

每组在地面上任选一点，用小钉标志，作为测站点 O，再任选 A、B 两个固定目标，然后按下列步骤实训：

A　安置经纬仪

在 O 点安置经纬仪，对中，整平。

B　观测上半测回角

（1）使竖盘位于观测者左手侧（盘左，又称正镜位置），瞄准目标 A，配水平度盘读数稍大于 $0°00′00″$，读水平盘读数 a_1，并记入手簿。

（2）松开照准部和望远镜制动螺旋，顺时针转动照准部，瞄准目标 B，读水平盘读数 b_1 并记入手簿。

（3）计算上半测回角值 $\beta_1 = b_1 - a_1$。

C　观测下半测回角值

（1）纵转望远镜，使竖盘位于观测者右手侧（盘右，又称倒镜位置），瞄准目标 B，读数 b_2 并记入手簿。

（2）反时针转动照准部，瞄准目标 A，读数 a_2 并记入手簿。

（3）计算下半测回角值 $\beta_2 = b_2 - a_2$。

D　计算一测回角值

（1）若上、下两个半测回角值之差不超过 ±40″，取平均值作为观测结果。

（2）计算一测回角值。$\beta = \dfrac{1}{2}\ (\beta_1 + \beta_2)$。

2.2.2.4　实训报告

将实训数据填入水平角测量记录表中（见书末实训报告5）。

2.2.2.5　思考题

（1）瞄准目标时，应先松开＿＿＿＿＿＿＿＿螺旋和＿＿＿＿＿＿＿＿螺旋，用望远镜上的＿＿＿＿＿＿＿＿和＿＿＿＿＿＿＿＿使目标在视场内后，旋紧＿＿＿＿＿＿＿＿螺旋和＿＿＿＿＿＿＿＿螺旋，再调节＿＿＿＿＿＿＿＿螺旋和＿＿＿＿＿＿＿＿螺旋使＿＿＿＿＿＿＿＿和＿＿＿＿＿＿＿＿最清晰，并消除＿＿＿＿＿＿＿＿，最后用＿＿＿＿＿＿＿＿螺旋和＿＿＿＿＿＿＿＿螺旋精确瞄准目标。

（2）"盘左"是指＿＿＿＿＿＿＿＿在＿＿＿＿＿＿＿＿的＿＿＿＿＿＿＿＿侧；"盘右"是指＿＿＿＿＿＿＿＿在＿＿＿＿＿＿＿＿的＿＿＿＿＿＿＿＿侧。

（3）测回法测量水平角时，上半测回应先瞄准＿＿＿＿＿＿＿＿目标读数，然后按＿＿＿＿＿＿＿＿方向转动仪器，瞄准＿＿＿＿＿＿＿＿目标读数，下半测回应先瞄准＿＿＿＿＿＿＿＿目标读数，然后按＿＿＿＿＿＿＿＿方向转动仪器，瞄准＿＿＿＿＿＿＿＿目标读数。

（4）为什么要用盘左和盘右两个位置观测水平角？

（5）测量水平角时，仪器瞄准过测站点与目标的竖直面内不同高度的点，对水平角角值有没有影响？

2.2.3　实训6　竖直角测量

2.2.3.1　实训目的与要求

（1）加深对竖直角测量原理的理解。

（2）了解竖盘的构造；掌握竖直角计算公式的确定方法。

（3）掌握竖直角的观测、记录和计算方法。

（4）了解竖盘指标差，掌握其计算方法。

（5）选择二至三个不同高度的目标，每人分别观测所选目标并计算竖直角。

（6）限差要求：同一目标各测回竖直角互差不得超过 $\pm 25''$。

2.2.3.2　实训仪器及工具

（1）经纬仪1台。

（2）铅笔1支（自备）。

2.2.3.3　实训方法和步骤

先任选一般目标（如避雷针）等三个不同高度的 A、B、C 观测目标，并在地面上用小钉任意标志一点 O 作为测站点，然后按下列步骤实训：

（1）在 O 点安置经纬仪（对中，整平）。

（2）盘左判断竖盘构造，画出盘左时的竖盘注记草图，写出竖直角计算公式。

（3）盘左瞄准目标 A（用十字丝交点处的横丝切准目标顶部），转竖盘指标水准管的微动螺旋使竖盘指标水准管气泡居中，读竖盘读数 L，记入手簿后算出上半测回竖直角值 α_L。

（4）盘右瞄准目标 A，转竖盘水准管微动螺旋使竖盘水准管气泡居中后读竖盘读数 R，记入手簿并计算下半测回角值 α_R。

（5）计算竖盘指标差及一测回角值。

（6）多测回观测时，测回间指标差互差的限差为 ±25″，满足此限差后取各不相同测回竖直角的平均值作为所测竖直角的角值。

2.2.3.4　实训报告

完成书末实训报告 6。

2.2.4　实训 7　经纬仪的检验与校正

2.2.4.1　实训目的与要求

（1）了解经纬仪的主要轴线及应满足的几何条件。

（2）初步掌握经纬仪的检验与校正的操作方法。

2.2.4.2　实训仪器及工具

（1）经纬仪 1 台，小直尺 1 把，校正针及螺丝刀 1 套。

（2）铅笔 1 支（自备）。

2.2.4.3　实训方法和步骤

A　照准部水准管轴垂直于仪器竖轴的检验与校正

a　检验

先将仪器整平，再使照准部水准管平行于任意两脚螺旋的连线，转动该两螺旋使气泡精确居中；然后将照准部转 180°，若气泡居中，则条件满足，若气泡偏离零点超过一格，则需要校正。

b　校正

用校正针拨水准管一端的校正螺丝，使气泡退回偏离量的一半，另一半转动脚螺旋使气泡精确居中。

重复上述检验与校正工作，直到满足限差要求为止。

B　十字丝竖丝垂直于仪器横轴的检验与校正

a　检验

先用十字丝的交点瞄准墙上的 A 点，再转动望远镜微动螺旋使 A 沿竖丝相对移动至竖丝的一端，若 A 不偏离竖丝，则条件满足，否则，需要校正。

b　校正

（1）旋开望远镜目镜端的十字丝分划板座护罩；

（2）用螺丝刀松开分划板座的四个压环固定螺丝；

（3）轻轻转动分划板座，使 A 相对移至竖丝上；

（4）固定压环螺丝。

C　望远镜视准轴垂直于仪器横轴的检验与校正

a　检验

（1）选择一平坦场地，如图 2-6 所示，在 A、B 两点（相距约 80m）的中点 O 安置仪器，在 A 点竖立一标志，在 B 点横放一根水准尺或毫米分划尺，标志和水准尺的高度要与仪器大致同高。

（2）盘左用十字丝交点照准 A 点，固定照准部，然后纵转望远镜，在 B 尺上读数 B_1，见图 2-6。

（3）盘右再照准 A 点，固定照准部，然后纵转望远

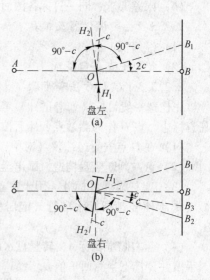

图 2-6　视准误差的检校

镜，在 B 尺上读数 B_2，见图2-6，若 B_1 和 B_2 两点重合，则条件满足，否则需要校正。

　　b　校正

　　(1) 计算正确读数 B_3，$B_3 = B_2 - \dfrac{1}{4}(B_2 - B_1)$。

　　(2) 用校正针松开十字丝分划板座上的上、下两校正螺丝，调节左、右两校正螺丝（一个松，另一个紧），使十字丝交点切准 B_3。

　　(3) 轻轻将上、下两校正螺丝旋紧，然后旋上分划板座护罩。

　　重复上述检验与校正工作，直到满足条件为止。

　　D　仪器横轴垂直于仪器竖轴的检验与校正

　　a　检验

　　(1) 在距建筑物20~30m处安置仪器，在建筑物高处选择一点 P，且望远镜照准 P 点时的视线倾角不小于20°。盘左照准 P 点，使视线水平，在墙上标出十字丝交点瞄准的点 P_1。

　　(2) 盘右照准 P 点，使视线水平，在墙上标出十字丝交点瞄准的点 P_2。

　　(3) 若 P_1、P_2 两点重合，则条件满足，否则需要校正。

　　b　校正

　　(1) 旋转水平微动螺旋，使十字丝交点照准 P_1、P_2 的中点；

　　(2) 上仰望远镜，寻找 P 点，此时 P 偏离竖丝；

　　(3) 拨支架上水平轴校正螺旋，使十字丝交点切准 P。

　　一般仪器出厂时，此项条件均基本能满足，故实训时只检验，不校正，并且仪器横轴是密封的，故该项校正应由专业维修人员进行。

　　E　竖盘指标差的检验与校正

　　a　检验

　　盘左、盘右分别用十字丝横丝切准 A，使竖盘水准管气泡居中后读竖盘读数 L、R。竖盘指标 $X = \dfrac{1}{2}(R + L - 360°)$，若 $X > ±60''$ 时需校正。

　　b　校正

　　旋转竖盘指标水准管微动螺旋，使盘右竖盘读数 $R - x$，此时竖盘水准管气泡偏离，用校正针拨水准管一端的校正螺丝重新使气泡居中即可。

　　注意：①上述各项检验校正顺序不能改变；②每项检验校正往往需要反复数次。

2.2.4.4　实训报告

见书末实训报告7。

2.2.5　实训8　电子经纬仪的认识与使用

2.2.5.1　目的与要求

(1) 了解电子经纬仪的构造和性能。

(2) 掌握电子经纬仪的使用方法。

2.2.5.2　实训仪器及工具

(1) 电子经纬仪1台，配套脚架1个，标杆2根，视需要加测伞1把。

(2) 铅笔1支（自备）。

2.2.5.3　实训方法和步骤

A　电子经纬仪的认识

电子经纬仪与光学经纬仪一样是由照准部、基座、水平度盘等部分组成，所不同的是电子经纬仪采用编码度盘或光栅度盘，读数方式为电子显示。

电子经纬仪有功能操作键及电源，还配有数据通信接口，可与测距仪组成电子速测仪。

电子经纬仪有许多型号，其外形、体积、重量、性能各不相同。第 3 章介绍北京新北光生产的 BTD2 电子经纬仪。

该实训应在指导教师演示后，然后进行操作。有关电子经纬仪使用的详细内容，请参阅第 3 章。

B　电子经纬仪的使用

（1）在实训场地上选择一点 O，作为测站点，另外两目标点 A、B，在 A、B 上竖立标杆（或铅笔）。

（2）将电子经纬仪安置于 O 点，对中、整平。

（3）打开电源开关，进行自检，纵转望远镜，使竖直角置零。

（4）盘左瞄准左目标 A，按置零键，使水平度盘读数显示为 $0°00'00''$，顺时针旋转照准部，瞄准右目标 B，读取显示水平度盘读数。

（5）盘右瞄准左目标 A，按置零键，使水平度盘读数显示为 $0°00'00''$，顺时针旋转照准部，瞄准右目标 B，读取显示水平度盘读数。

（6）如要测竖直角，可在读取水平度盘的同时读取竖盘的显示读数。

2.2.5.4　注意事项

（1）光学对中误差应小于 1 格，同一角度各测回互差应小于 24″。

（2）装卸电池时必须关闭电源开关。

（3）不要直接拉电线，以免造成短路及电线插头损坏。

（4）电池充电应该在室内进行，温度应在 10～40℃ 之间，避免太阳直晒。

（5）充电器连续工作不宜超过 10 小时，不充电时应从电源上取下。

（6）电池长时间不用时，应每隔 3～4 个月充电一次，并存放在 30℃ 以下的地方（如果电池完全放电，会影响将来的充电效果，因此应保证电池经常充电）。

（7）迁站时应先关机。

2.2.5.5　实训报告

上交实训报告、水平角观测记录表（见书末实训报告 8）。

2.2.5.6　思考题

电子经纬仪与光学经纬仪在观测中有哪些异同点。

2.3　距离测量实训指导

2.3.1　实训 9　距离丈量与直线磁方位角测定

2.3.1.1　实训目的与要求

（1）掌握直线定线的方法。

（2）掌握量距的一般方法及其成果整理。

（3）掌握罗盘仪使用的方法。

2.3.1.2　实训仪器及工具

（1）经纬仪 1 台，钢尺 1 把，罗盘仪 1 台，花杆 2 根。

（2）铅笔 1 支（自备）。

2.3.1.3 实训方法和步骤

首先在指定场地上任选两点 A、B（距离 100m 左右），打入木桩并钉上小钉作为标志，若在水泥或沥青路面上可直接画十字线，然后按下列步骤实训：

（1）在 A 点安置经纬仪，B 点立花杆（或铅笔）。

（2）用经纬仪在 A、B 之间定线，用测钎标志中间点位，同时用平量法丈量 A、B 间距离 D_{AB}（边定线边量距，使 A、B 的距离为整尺段之和加不足整尺段部分）。

（3）A 点的经纬仪不动，在 A、B 之间重新定线，并返量 A、B 的距离 D_{BA}。

（4）计算平均距离 $D = \frac{1}{2}(D_{往} + D_{返})$ 并评定量距精度（要求相对精度 $\leqslant 1/3000$）。

（5）磁方位角测量：在 A 点安置罗盘仪，对中、整平后，松开磁针固定螺丝放下磁针，用罗盘仪的望远镜瞄准 B 点花杆，待磁针静止后，读取其北端指示的刻度盘读数，即为 AB 直线的磁方位角。同法测量 BA 直线的磁方位角。最后检查两者之差不超过限差（1°）时，计算磁方位角的平均值。

2.3.1.4 实训报告

完成书末实训报告 9。

2.4 地形图测绘实训指导

2.4.1 实训 10 经纬仪视距测量

2.4.1.1 实训目的与要求

掌握视距测量测定水平距离和高差的操作、记录和计算方法。

2.4.1.2 实训仪器及工具

（1）经纬仪 1 台，视距尺 1 把，钢尺 1 把。

（2）铅笔 1 支，计算器 1 个（自备）。

2.4.1.3 实训方法和步骤

（1）在地面上选相距 70~80m 的 A、B 两点（A、B 间的高差最好明显些），在 A 点安置经纬仪，用钢尺量仪器高 i（精确到厘米），在 B 点立尺。

（2）瞄准 B 标尺，使竖盘指标水准管气泡居中后，分别读取下、中（v）、上丝读数，读竖盘读数（精确到分），并计算竖直角 α 的大小。

［或练习先使中丝切在尺上读数大致等于仪器高 i（或与 i 差一整分米数）处，制动仪器。用望远镜微动螺旋使十字丝上丝切准其最靠近的一尺上整分米刻划，数出上丝至下丝间所夹的尺格数（估计到 0.1 格，即 1mm），此即尺间隔 L。再用望远镜微动螺旋使中丝精确切准尺上读数为 i（或与 i 差一整分米数）处，此时便有仪器高 i 与中丝读数 v 相等（或差一整分米数）。最后使竖盘指标水准管气泡居中，读竖盘读数（精确到分），并计算竖直角 α 的大小］。

（3）计算 A、B 间的水平距离与高差。

$$D = KL\cos^2\alpha$$
$$h = D\tan\alpha + i - v$$

式中　$K = 100$；

　　　$L =$ 下丝读数 $-$ 上丝读数。

（4）用钢尺检测 A、B 间的平距，验证所测结果。

2.4.2 实训 11 图根导线测量及图根水准测量

2.4.2.1 实训目的与要求

（1）掌握导线的布设方法及施测步骤。

（2）要求量距相对误差 ≤1/3000，角度闭合差 ≤ ±40$\sqrt{n}''$，导线全长相对误差 ≤1/2000，水准测量高差闭合差 ≤ ±12$\sqrt{n}$ mm。

2.4.2.2 实训仪器及工具

（1）经纬仪 1 台，水准仪 1 台，水准尺 2 把。

（2）测钎 5 个，斧头 1 把，花杆 2 根，木桩，小钉，大钉各 4 个。

（3）铅笔 1 支（自备）。

2.4.2.3 实训方法和步骤

（1）在指定测区布设一闭合导线，按选点原则选点，用木桩小钉或用大钢钉作为标志，并统一编号（逆时针方向）。

（2）用测回法测导线的左角。对导线转折角要上下半测回（盘左、盘右）角值之差 ≤40″，对连接角要多测一测回，测回校差 ≤ ±24″。

（3）丈量导线的边长。对导线边要往、返各一次，相对误差 ≤1/3000。

对联测边往、返各两次，相对误差 ≤1/5000。

（4）用改变仪高法测相邻导线点间的高差，两次观测互差应 ≤ ±5mm。

（5）高差闭合差 ≤ ±12$\sqrt{n}$ mm（n 为路线的测站数）。

（6）绘制导线观测略图和高程观测略图，将边长、角度和高差注于图上。

（7）进行导线内业计算及水准测量成果计算。

2.4.2.4 实训报告

完成书末实训报告 11。

2.4.3 实训 12 经纬仪测绘法测绘地形图

2.4.3.1 实训目的与要求

（1）掌握用经纬仪测绘法测绘地形图的过程和方法。

（2）掌握碎部点的选择及地形测图的绘制方法。

2.4.3.2 实训仪器及工具

（1）经纬仪 1 台，测图板 1 块，视距尺 1 把，钢尺 1 把，量角器 1 个。

（2）自备绘图纸一张，3H 铅笔一支，橡皮一块，计算器一个。

2.4.3.3 实训方法和步骤

A 测图前的准备工作

a 绘制坐标方格网

（1）用格网尺法或对角线法绘制图幅为 40cm×50cm、格宽为 10cm 的坐标方格网；

（2）检查格宽及格网对角线的长度，其误差分别不得超过 0.2mm 和 0.3mm。

b 导线点展绘

（1）根据地形图分幅的格网西南角的纵、横坐标值；依测图比例尺标注出格网纵、横向的坐标值；

（2）将各导线点展绘于图上，并按《地形图图式》要求绘制其符号，标注其点号和高程；

（3）在图上检查相邻间的实地距离，与其实测值的差不得超过图上 0.3mm。

B　经纬仪测绘法测图

如图 2-7 所示，A、B 为地面控制点（导线点），a、b 为 A、B 展绘于图上的位置：

（1）在测点 B 的近旁安放图板。

（2）在 B 点安置经纬仪（对中、整平），量取仪器高，并记入手簿。

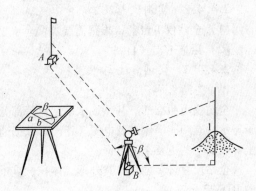

图 2-7　测绘地形图

（3）瞄准 A 点（定向），用度盘变换手轮使水平度盘读数为 $0°00'00''$。连接定向线 BA，将半圆仪用测针定于图上的测站点。用半圆仪检查图上 $\angle abc$ 的值是否与固定角 $\angle ABC$ 的值是否相一致，检查方法是：转动半圆仪使定向线对准 $\angle ABC$ 大小的刻划线，此时半圆仪直尺边或其延长线应通过图上控制点 C，其偏差不应大于图上 0.3mm，否则应查明原因，直至满足要求为止。

（4）立尺员在碎部点立尺（如建筑物拐角点等碎部点）。

（5）碎部点的测绘。现以测绘 1 点为例说明：

1）瞄准 1 处的视距尺，读出水平角 $\angle AB1$，同时进行视距测量（见 2.4.1 实训 10），算出 1 点的高程 H_1，及 B 点到 1 点的水平距离 D；

$$D = KL\cos^2\alpha$$

$$h = D\tan\alpha + i - v$$

2）转动半圆仪使定向线 ba 对准特征点 1 的水平角的刻划线，沿半圆仪直尺边或延长线按比例截取测站点至特征点 1 的水平距离测点，得 1 点在图上的位置；

3）在 1 的右侧注记其高程，要求精确到 cm，字头朝北；

4）同法测出其他碎部点。

C　地形图的绘制

（1）按《地形图图式》规定的符号绘制所测地物。

（2）按规定等高距和等高线特性勾绘测区内的等高线。

（3）按《地形图图式》要求做好各类注记。

D　地形图的拼接、检查与整饰

参阅教材有关章节。

2.4.3.4　实训报告

完成书末实训报告 12。

2.4.4　实训 13　全站仪的认识与使用

2.4.4.1　目的与要求

（1）认识全站仪的构造，了解仪器各部件的名称和作用。

（2）初步掌握全站仪的操作要领。

（3）掌握全站仪测量角度和距离的方法。

（4）要求每人操作一次。

2.4.4.2　实训仪器及工具

（1）全站仪 1 台套，根据需要加测伞 1 把。

（2）铅笔 1 支（自备）。

2.4.4.3　实训方法与步骤

A　全站仪的认识

全站仪由照准部、基座、水平度盘等部分组成，采用编码度盘或光栅度盘，读数方式为电子显示。有功能操作键及电源，还配有数据通信接口。它不仅能测角还能测出距离、并能显示坐标以及一些更复杂的数据。

全站仪有许多型号，其外形、体积、重量、性能各不相同。第 4 章介绍了北京新北光生产的 BTS-22 全站仪。

该实训应在指导教师演示后进行操作。

B　全站仪的使用

a　测量前的准备工作

（1）仪器的安置。

1）在场地上选择一 O 点，作为测站，另外两点 A、B 作为观测点。

2）将全站仪安置于 O 点，对中、整平。

3）在 A、B 两点分别安置棱镜。

（2）按下开关键使电源接通，旋转望远镜，竖直角过零，进入测角状态。

（3）调焦与照准目标。操作步骤与一般经纬仪相同，注意消除视差。

b　角度测量

（1）首先从显示屏上确定是否处于角度测量模式，如果不是，则按操作键转换为角度模式。

（2）盘左瞄准左目标 A，按置零键，使水平度盘读数显示为 0°00′00″，顺时针旋转照准部，瞄准右目标 B，读取显示读数。

（3）同样方法可以进行盘右观测。

（4）如要测竖直角，可在读取水平度盘的同时读取竖盘的显示读数。

c　距离测量

（1）首先从显示屏上确定是否处于距离测量模式，如果不是，则按操作键转换为距离模式。

（2）照准棱镜中心，这时显示屏上能显示箭头前进的动画，前进结束则完成测量，得出距离，HD 为水平距离，VD 为倾斜距离。

d　坐标测量

（1）首先从显示屏上确定是否处于坐标测量模式，如果不是，则按操作键转换为坐标模式。

（2）输入本站 O 点及后视点坐标，以及仪器高、棱镜高。

（3）瞄准棱镜中心，这时显示屏上能显示箭头前进的动画，前进结束则完成坐标测量，得出点的坐标。

2.4.4.4　注意事项

（1）搬运仪器时，要提供合适的减震措施，以防止仪器受到突然的震动。

（2）近距离将仪器和脚架一起搬动时，应保持仪器竖直向上。

（3）在保养物镜、目镜和棱镜时，使用干净的毛刷扫取灰尘，然后再用干净的绒棉布蘸酒精由透镜中心向外一圈圈的轻轻擦拭。

（4）应保持插头清洁、干燥，使用时要吹出插头的灰尘与其他细小物体。在测量过程中，若拔出插头，则可能丢失数据。拔出插头之前应先关机。

（5）装卸电池时，必须关闭电源。

（6）仪器只能存放在干燥的室内。充电时周围温度应在 10~30℃ 之间。

（7）全站仪是精密贵重的测量仪器，要防日晒、防雨淋、防碰撞振动。严禁使仪器直接照准太阳。

（8）操作前应仔细阅读本实训指导书第 4 章和认真听老师讲解。不明白操作方法与步骤者，不得操作仪器。

2.5 施工测量实训指导

2.5.1 实训 14 点的平面位置的测设与龙门板的设置

2.5.1.1 实训目的与要求

（1）掌握已知水平角和水平距离的测设方法。

（2）掌握用极坐标法测设点的平面位置的方法。

（3）要求水平角测设误差不应超过 ±40″，距离测设误差不应超过 1/5000。

（4）掌握龙门板或轴线控制桩设置的过程。

2.5.1.2 实训仪器及工具

经纬仪 1 台，30m 钢尺 1 把，40mm×40mm×300mm 木桩 4~5 根，锤子 1 把，花杆 1 根，测钎 2~3 根，小钢卷尺 1 把。铅笔 1 支（自备）。

2.5.1.3 实训方法与步骤（用极坐标法测设点的平面位置）。

A 计算测设要素

如图 2-8 所示，设 $A(x_A, y_A)$、$B(x_B, y_B)$ 为两已知控制点，$P(x_P, y_P)$、$Q(x_Q, y_Q)$ 为待测设的点，用极坐标法测设 P、Q 点的测设数据按下述各式计算：

（1）$D_{BP} = \sqrt{(x_P - x_B)^2 + (y_P - y_B)^2}$；

（2）$\beta_1 = \alpha_{BP} - \alpha_{BA}$；

（3）$\alpha_{BP} = \arctan \dfrac{\Delta y_{BP}}{\Delta x_{BP}}$；

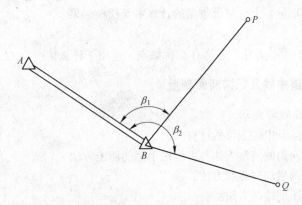

图 2-8 用极坐标法测设点位

（4）$\alpha_{BA} = \arctan \dfrac{\Delta y_{BA}}{\Delta x_{BA}}$；

（5）$D_{BQ} = \sqrt{(x_Q - x_B)^2 + (y_Q - y_B)^2}$；

（6）$\beta_2 = \alpha_{BQ} - \alpha_{BA}$。

B　测设

（1）将经纬仪安置在 B 点，对中、整平，盘左位置精确瞄准 A 点，转动度盘变换手轮，将水平度盘度读数置为稍大于 $0°00'00''$，精确读取 A 目标的水平度盘读数 a。

（2）顺时针转动照准使读数为 $\beta_1 + a$，在视线方向量 D_{BP} 定出 P' 点。

（3）盘右同样方法标出 $\beta_1 + a$ 方向，在视线方向量 D_{BP} 定出 P'' 点。

（4）取 P'、P'' 中点 P_1，打入木桩以标志。BP_1 即为所要测设的方向。

（5）沿 BP_1 方向测设距离 D_{BP}，在木桩顶面作十字标记，此即为所测设的 P 点。

（6）同法测设出 Q 点。

（7）检核：用钢尺丈量出地面上 P、Q 两点的距离，与 D_{PQ} 比较，相对精度在 1/5000 以上，则合格。否则应重新测设。

（8）分别在 P、Q 点安置经纬仪测设 $90°$，沿方向线测设水平距离 D_{PS}、D_{QR} 得 S、R 点。

（9）检核：用钢尺丈量出地面上 S、R 两点的距离，与 D_{SR} 比较，相对精度在 1/5000 以上，则合格。否则应重新测设。

C　设置龙门板：

（1）撒灰线；

（2）打龙门桩；

（3）在龙门桩上测设 ±0.000；

（4）钉龙门板，且用经纬仪将外廓定位轴线投于板上，并设保护桩；

（5）在隔墙处的龙门板上排出隔墙的定为轴线；

（6）在龙门桩顶锯燕尾槽。

2.5.1.4　注意事项

（1）本实训所介绍的方法为一般精度的测设方法，更精确的测设方法请参照有关资料。

（2）测设前应先在室内计算好测设数据以提高外业工作效率。

（3）测设点位的方法有多种，可根据实际选用其他方法完成测设工作。

2.5.1.5　实训报告

完成书末实训报告 14，上交测设数据的计算书及检核结果。

2.5.1.6　思考题

测设点平面位置有哪些方法，各有什么优缺点，适用于什么情况？

2.5.2　实训 15　管道中线及纵横断面测量

2.5.2.1　实训目的与要求

（1）掌握管线主点及中桩测设的过程和方法。

（2）掌握管线转向角的测量方法与里程桩手簿的测绘方法。

（3）掌握纵断面测量的过程和方法。

（4）掌握纵断面图的绘制方法。

（5）掌握管底标高及管道埋深的计算方法。

2.5.2.2 实训仪器及工具

水准仪 1 台，水准尺 2 根；花杆 2 根，钢尺 1 把，皮尺 1 把，木桩若干；铅笔（自备）。

2.5.2.3 实训方法和步骤

A 管道中线测量

a 主点的测设

（1）准备测设数据、画测设草图。根据教师给出的约 300m 长的管线的起点、转折点和终点坐标，算出以地面平面控制点为测站点，用极坐标法测设这些主点时所需的测设数据，画出测设草图；或依教师在大比例尺地形图上设计的主点与地面已有建筑物的相对位置关系，图解出用直角坐标法或距离交会法测设主点所需的数据，并画出测设草图。

（2）实地测设。依准备阶段拟定的测设方案，测设主点。

（3）实测检核。对测设的主点之间的距离要进行实测检核，其实测值与设计值不得超过 1/2000。

b 中桩的测设

中桩又称里程桩，它包括整桩和加桩。测设时用经纬仪在相邻主点间定线，用钢尺或皮尺量距，每隔 20m 测设一整桩，在路口、坡度变化处或遇重要地物处测设加桩。中桩以木桩小钉标志，按距管线起点 0 + 000 的距离编号。中桩的实测检核可用测绳或视距法，以防粗差。

c 转向角的测量

在转向点安置经纬仪，用测回法测转向角一测回，两个半测回校差不得大于 ±40″。

d 测绘里程桩手簿

里程桩手簿又称带状地形图，一般在中线两测各测出 20m。本实训要求以 1/1000 的绘图比例尺在毫米方格纸上绘出。

B 管道纵断面水准测量

（1）设距管道起点最近的一已知水准点为 A，距管道终点最近的一已知水准点为 B，分别以 0 + 000、0 + 100、0 + 200 及管道终点为转点，其余中桩为中间视点，在 A、B 之间作附合路线水准测量，A、B 及转点读数读至毫米，中间视读至厘米，记入观测手簿。在各处立尺时要立在地面上。

（2）用高差法计算转点的高程，用视线高法计算中间视点的高程。

（3）计算 A、B 之间的高差闭合差，其限差不得超过 $\pm 12\sqrt{n}$ mm 或不得超过 $\pm 40\sqrt{L}$ mm。当不满足此限差要求时，需重测。

（4）纵断面图的绘制

1）在原绘制里程桩手簿的毫米方格纸的上方，以中桩里程为横坐标，中桩点的高程为纵坐标展点，连接相邻点即得纵断面图。本次实训要求水平方向的比例尺为 1：1000、垂直方向的比例尺为 1：100。

2）根据教师给出的设计要求，在纵断面图上绘出管道设计线；在坡度栏内注明管道坡度的方向、大小及其对应的水平距离。

3）依管道起点的管底设计标高、各段管道的设计坡度和相应段的中桩间的平距，计算出各桩点处的管底设计标高。

4）计算各桩点处管子的埋设深度。埋深等于地面高程减去管底高程。

C 管道横断面水准测量

管道横断面水准测量可与管道纵断面水准测量同时进行，分别记录。

（1）将所要观测的横断面的中线桩的桩号、高程记入手簿。

（2）量出横断面上地形变化点至中线桩的距离并注明点位在中线左、右的位置。

（3）用纵断面水准测量法测出横断面上各点的高程。

（4）根据所测定的各里程桩和加桩中线两侧地形变化点至中线的距离和高差绘制横断面图。要求水平比例尺与高程比例尺相同，均为 1∶100。

2.5.3　实训 16　圆曲线的放样 I （切线支距法）

2.5.3.1　实训目的与要求

（1）掌握圆曲线曲线元素的计算方法。

（2）掌握圆曲线主点里程计算和主点的测设过程。

（3）掌握用切线支距法详细放样圆曲线的方法。

2.5.3.2　实训仪器及工具

经纬仪 1 台，钢尺 1 把，铁钉 15 个，木桩若干，板桩，记录板；计算器 1 个，铅笔 1 支，记录纸。

2.5.3.3　实训方法和步骤

设某圆曲线的半径 $R = 600\text{m}$，转向角 $\alpha = 12°20'$，ZY 点的里程为 DK8 + 156.78，试在指定的场地上放样该曲线。放样时按下列步骤进行（本实训要求只放出圆曲线的一半）：

（1）计算圆曲线的切线长 T、曲线长 L、外矢距 E_0 和切曲差 q。

$$T = R\tan\frac{\alpha}{2}$$

$$L = R \cdot \alpha \cdot \frac{\pi}{180°}$$

$$E_0 = R\left(\sec\frac{\alpha}{2} - 1\right)$$

$$q = 2T - L$$

（2）计算圆曲线主点的里程。

（3）计算详细放样圆曲线的坐标。

$$x_i = R\sin\varphi_1$$

$$y_i = R(1 - \cos\varphi_i)$$

式中　　$\varphi_i = \dfrac{l}{R}\dfrac{180°}{\pi}$。

（4）放样曲线主点：

1）将仪器安置在 JD，分别瞄准 JD_1、JD_2 自交点起沿视线方向测设切线长 T，得 ZY 点和 YZ 点并打木桩和小钉标志。

2）在 JD 上后视 JD_1 点，拨角 $\dfrac{180° - \alpha}{2}$ 得分角线方向，沿此方向放样 E，得 QZ 点，并打木桩和小钉标志，同时检测放样距离是否满足 1/2000 的精度。

3）在主点桩旁打板桩作为标志桩，并在标志桩上写明点名和里程，同时在 ZY 点安置仪器，检测 QZ 方向对切线方向的偏角是否为 $\dfrac{\alpha}{4}$。

（5）详细测设圆曲线：

1）如图2-9所示，在 ZY 点安置仪器，瞄准 JD，沿视线方向以 ZY 为起点分别丈量横坐标 x_i 得垂足 N_i。

2）在各垂足点 N_i 安置经纬仪定出直角方向，并沿其方向丈量纵坐标值 y_i，分别得各细部点 P_i 等直到曲线中点 QZ。

3）对另一半曲线，由 YZ 点测设，可根据 ZY 至 QZ 点计算的坐标数据，按上述方法进行测设。

2.5.3.4 实训报告

完成书末实训报告16。

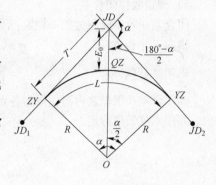

图 2-9 圆曲线

2.5.4 实训17 圆曲线的放样Ⅱ（偏角法）

2.5.4.1 实训目的与要求

（1）掌握圆曲线曲线元素的计算方法。

（2）掌握圆曲线主点里程计算和主点放样的方法。

（3）掌握用偏角法详细测设圆曲线的方法。

2.5.4.2 实训仪器及工具

经纬仪1台，钢尺1把，铁钉15个，木桩若干，板桩，记录板；计算器1个，铅笔1支，记录纸。

2.5.4.3 实训方法和步骤

（1）测设圆曲线的主点同实训17。

（2）计算详细测设圆曲线的偏角

偏角
$$\delta = \frac{l}{2R} \frac{180°}{\pi}$$

$$\delta_i = \frac{\varphi_i}{2} = \frac{l_i}{2R} \cdot \frac{180°}{\pi}$$

弦长
$$c = 2R\sin\frac{\varphi}{2} = 2R\sin\delta$$

弦弧差
$$\Delta = c - l = -\frac{l^3}{24R^2}$$

（3）圆曲线详细测设：

1）如图2-10所示，在 ZY 点安置经纬仪，瞄准 JD 点，并将水平度盘设置为 $0°00'00''$；

2）转动照准部，使水平度盘读数为 δ_1，自 ZY 点起沿视线方向测设弦长 c 得点1，并用木桩小钉临时标志；

3）继续转动照准部，使水平度盘读数为 δ_2，从1点开始量弦长 c，与视线方向相交得2点，并用木桩小钉临时标志；

4）同法放样出其他点，直至 QZ 点；

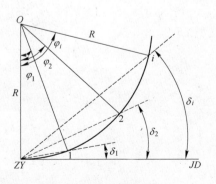

图 2-10 偏角法测圆曲线

5）测定放样闭合差：

闭合差一般不应超过如下规定：

横向（半径方向）   ±0.1m

纵向（切线方向） $\pm \dfrac{L}{1000}$

当闭合差在限差之内时，根据各点距 ZY（或 YZ）的距离，按与此距离的比例关系调整点位，并用木桩最终标定。

3 电子经纬仪的使用

随着光电技术、计算机技术和精密机械的发展，在20世纪60年代研制出第一台电子经纬仪，经过几十年的不断发展和改进，目前电子经纬仪日臻完善，与传统的光学经纬仪相比，电子经纬仪采用了光电测角手法。在精度上超过了光学经纬仪，在数据自动获取和处理上，光学经纬仪是无法与之相比拟的，现以北京新北光大地仪器有限公司生产的BTD-2电子经纬仪为例，介绍电子经纬仪的功能和使用方法。

3.1 电子经纬仪各部件名称和功能

3.1.1 仪器各部位名称

电子经纬仪各部位名称如图3-1所示。

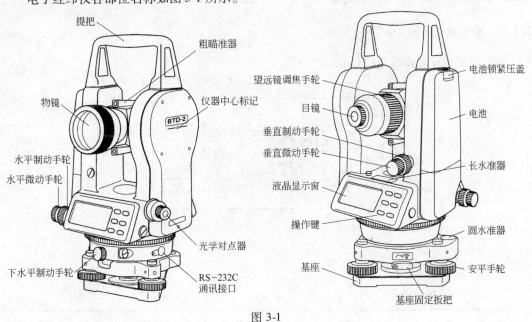

图 3-1

3.1.2 显示

电子经纬仪显示界面如图3-2所示。

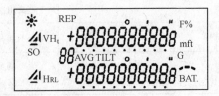

图 3-2

显示字符及其表示内容见表 3-1。

表 3-1

显　示	内　　容	显　示	内　　容
V	垂直角	BAT	电池电压
HR	水平角右旋递增	☀	EDM 工作
HL	水平角左旋递增	◢	水平距离
Ht	重复测量角度累计	◢	高　差
HAVG	重复测量次数/角度平均值	◢	斜　距
REP	重复角度测量	⟋	N 坐标
TILT	倾斜校正模式	∠	E 坐标
F	功能键选择模式	⎦	Z 坐标
%	百分比	SO	放样测量
G	显示单位 GON		

3.1.3　操作键

操作键显示界面如图 3-3 所示。

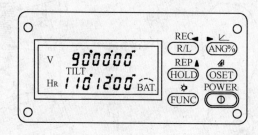

图 3-3

键名及其功能如表 3-2 所示。

表 3-2

键　名	功　　能	键　名	功　　能
R/L	右旋/左旋水平角测量选择	REC	按动一次保留数据再按动一次传送数据
HOLD	固定水平角度	REP	重复角度测量
FUNC	第二功能键选择	☼	显示器和视距板照明，开/关
ANG	垂直角显示垂直角/百分比的选择	↙	坐标测量模式 N. E. Z 坐标显示的转换

键 名	功 能	键 名	功 能
OSET	水平角置零	◢◤	距离测量模式 HD（◣）/SD（◢）/VD（◢）转换
POWER	电源开关	◆▶	闪烁数字向左或向右移动
		▲	增加闪烁数码

3.1.4　RS-232C 串行信号接口

BTD-2/5 仪器配有 RS-232C 串行通信口，通信接口位于仪器下壳侧面，通过通信电缆使仪器与电子计算机或电子手簿（如 PC-E500）相连接，可将仪器的观测值输至计算机或数据采集器，也可将计算机中预置数据输入 BTD-2/5 仪器中。RS-232C 串行信号接口如图 3-4 所示。

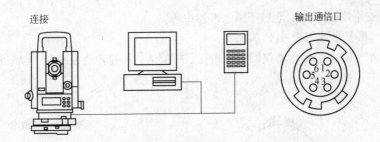

连接　　　　　　　　　　　　　　　　　输出通信口

图 3-4

通信口信号脚：1—地线；2、5、6—空；3—数据出口；4—数据入口

仪器在各种测量模式下，按下［FUNC］键，再按［R/L］键，可将当前的测量结果锁定在仪器中（显示屏闪烁等待），若再按［R/L］键，则将测量结果从仪器传输到计算机或电子手簿。输出格式为标准 RS-232、波特率 1200、1 个起始位、1 个停止位、8 个数据位。输出内容见表 3-3。

表 3-3

模 式	输 出	模 式	输 出
角度测量模式	V. HR（HL）	坐标测量模式	V. HR（HL）. N. E. Z.
距离测量模式	V. HR（HL）. SD. HD. VD	重复角度测量模式	HT（总和数）H（平均数）

3.2　测量前准备

3.2.1　安放仪器准备测量

为确保仪器性能良好，要精确整平与置中仪器。

整平与置中仪器

3.2.1.1　安放角架

首先将角架架腿摆放到合适位置上并固紧锁紧装置。

3.2.1.2　把仪器放在角架上

小心地把仪器放在角架上，通过松动中心螺旋移动仪器，当垂球位于地上标记正中上方时，轻轻地锁紧三角架上的中心螺旋。

3.2.1.3　用圆水准器粗整平仪器

（1）转动安平螺旋 A、B 使气泡移至垂直于 A、B 连接线的圆水泡中心线上，见图 3-5。

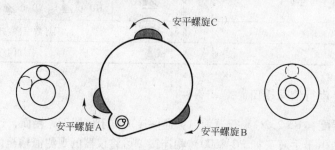

图 3-5

（2）转动安平螺旋 C 使水泡居于圆水准器中心。

3.2.1.4　用长水准器整平仪器

（1）松开水平制动手轮转动仪器，利用安平螺旋 A、B 的转动使平行于 A、B 连接线的长水泡的气泡居中，见图 3-6。

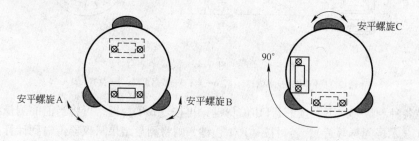

图 3-6

（2）转动仪器 90°（100g），然后转动安平螺旋 C 使水泡居中。

（3）仪器每转动 90°，重复（1）（2）步骤，并检查在所有这些点上气泡是否均正确居中。

3.2.1.5　用光学对点器置中仪器

根据观察者视力进行目镜调焦，然后松开中心螺旋移动仪器，让地上的标记在分划板上成的像居于分划板圆圈中心，如图 3-7 所示。移动仪器要小心以免转动仪器产生倾斜。

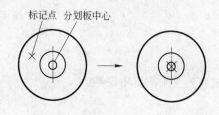

图 3-7

3.2.1.6　仪器的最后整平

用与 3.2.1.4 相类似的方法精确整平仪器，转动仪器查看长水准器的气泡是否均居中，然后紧固中心螺旋。

3.2.2 开机

（1）开机，两秒内显示全部内容并显示零位，见图 3-8。

（2）旋转望远镜（如图 3-9）使垂直角置零。

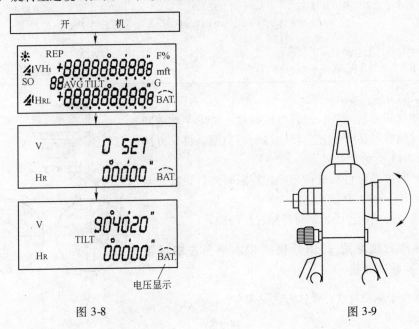

图 3-8

图 3-9

3.2.3 电压显示

电池电压显示表明了电源工作状态，见图 3-10。

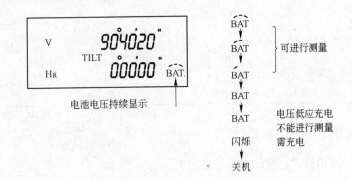

图 3-10

3.3 角度测量

3.3.1 水平角右旋增量和垂直角测量

确定仪器处于测角模式，操作方法见表 3-4。

表 3-4

操 作 过 程	操 作	显 示
1. 瞄准第一个目标（A）。	瞄准目标 A	V　　　90°30′40″ H_R　　20°30′40″
2. 把目标 A 的水平角置于 0°0′0″，按 2 次［OSET］键。	按 2 次 ［OSET］键	V　　　90°30′40″ H_R　　0°00′00″
3. 瞄准第二个目标（B），将会显示所需要的目标 B 的水平角和垂直角。	瞄准目标 B	V　　　98°40′40″ H_R　　123°45′20″

瞄准目标的方法：

（1）将望远镜对着亮处，进行目镜调焦，使十字丝清晰可见（调整时朝着观察者的方向转动目镜调焦圈，再反方向调焦），如图 3-11 所示。

（2）用粗瞄准器对目标进行粗瞄，粗瞄时允许观察者与粗瞄准器之间有一定的空间。

（3）转动望远镜调焦手轮，对目标进行调焦。

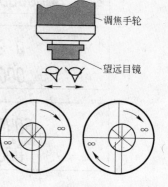

调焦手轮

望远目镜

3.3.2　水平角右旋增量（HR）模式和水平角左旋增量（HL）模式转换

确定仪器处于测角模式，操作方法见表 3-5。

图 3-11

表 3-5

操 作 步 骤	操 作	显 示
1. 瞄准第一个目标 A。	瞄准 A	V　　　90°10′20″ H_R　　20°30′40″
2. 按动（R/L）键 水平角由（HR）模式转换到（HL）模式。	（R/L）	V　　　90°10′20″ H_L　　339°29′20″
3. 以（HL）模式进行测量。		
每一次按动［R/L］键，HR/HL 两种测量模式进行相互转换		

3.3.3　水平角设置

确定仪器处于测角模式，操作方法见表 3-6。

表 3-6

操 作 步 骤	操 作	显 示
1. 转动微动手轮，置放至所需要的水平角度。	显示角度	V　　　90°10′20″ H_R　　130°40′20″
2. 按动［HOLD］键*。	［HOLD］	V　　　90°10′20″ H_R　　130°00′00″
3. 瞄准目标。	瞄准	

操 作 步 骤	操 作	显 示
4. 按动［HOLD］键，设置水平角度。	［HOLD］	V 98°10′20″ H_R 130°45′20″
＊要返回以前的模式，可按动除［HOLD］和［FUNC］以外的任一键。		

3.3.4　垂直角百分比测量模式（坡度测量）

确定仪器处于测角模式，操作方法见表 3-7。

表 3-7

操 作 步 骤	操 作	显 示
1. 按动［ANG%］键＊。	［ANG%］	V 90°10′20″ H_R 20°30′40″ % V − 0.30 H_R 120°30′40″
＊每次按动［ANG%］键，显示模式会进行转换； 从水平位置开始算起当测量角超过 ±45°（±100%）时，显示［-----］。		

3.3.5　重复角度测量

确定仪器处于测角模式，操作方法见表 3-8。

表 3-8

操 作 步 骤	操 作	显 示
1. 按动［FUNC］键。	［FUNC］	F V 90°10′20″ H_R 120°30′40″
2. 按动［REP］键。	［REP］	REP Ht 00°00′00″ 0 H
3. 瞄准目标 A，按动［OSET］键。	［OSET］	REP Ht 00°00′00″ 0 H
4. 转动水平微动手轮，瞄准目标 B，按动［HOLD］键。	［HOLD］	REP Ht 130°25′20″ 1 AVG H 130°25′20″
5. 转动水平微动手轮，再次瞄准目标 A，按动［R/L］键。	［R/L］	REP Ht 260°50′40″ 2 AVG H 130°25′20″

续表3-8

操　作　步　骤	操　作	显　示
6. 转动水平微动手轮，再次瞄准目标 B，按动〔HOLD〕键。	〔HOLD〕	两次测量
7. 根据测量所需要的次数，重复 5、6 步骤。		REP Ht　　521°41′20″ 　4　AVG H　　130°25′20″
8. 若要返回正常测角模式，请按〔FUNC〕和〔HOLD〕键。	〔FUNC〕 〔HOLD〕	四次测量

注：正倒镜测量时水平角读数至少可达 2000°0′0″，5 秒读数时水平角读数至少可达 ±1999°59′59″。

3.4　距离/坐标测量

3.4.1　BTD-2/5 与 DAD30E 联机测量

　　BTD-2/5 可与常州大地的 DAD30E（南方公司的 ND2000）组合成全站仪使用，DAD30E 测距仪应先开机、自检、照准棱镜、调整回光信号。在联机测量距离前，应先对测距仪设置大气校正系数、棱镜常数等。

　　连接 BTD-2/5 前，应检查是否精确整平和置中仪器，然后开机，接通电源，垂直角过零，从显示器上检查电池电量，确保测量有效。

　　联机测量前，要确定测距模式，如测距模式与仪器内记忆模式不符，应重新预置测距模式。测距模式分为跟踪测量和精确测量两类，其中精确测量又有连续测量、单次测量和多次平均测量等方式。用户可按自己的需要设定。

　　设置的模式保存在仪器内，关机后不丢失。改变测距模式时，需重新设置。

3.4.2　BTD-2/5 与 DAD30E 的连接

　　使用电缆 TC3，如图 3-12 所示。

3.4.3　DAD30E 测距仪模式设置方法

　　例：预置测距模式为与 DAD30E 联机，3 次平均精测模式，操作方法见表 3-9。

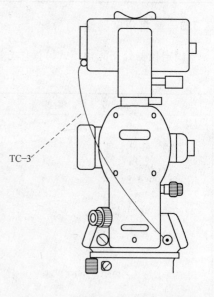

TC-3

图 3-12

表 3-9

操　作　步　骤	显　示
1. 按下〔HOLD〕键，开机，仪器进入测距仪型号选择模式。	ND2000

操 作 步 骤	显 示
2. 显示屏上显示 ND2000，表明与当前测距仪的连接型号不符，按下 [HOLD] 键，改变当前测距仪的连接型号为 DAD30E。	DAD30E
3. 按下 [OSET] 键，进入 DAD30E 测距仪模式设置状态。显示屏上正在闪烁的 TraC 字样表明当前测距模式是跟踪测距模式。	TraC
4. 按动 [HOLD] 键（▲键），改变正在闪烁的 TraC 字为 FinE 字，表明当前测距模式是精测模式。显示屏下边显示的数字为精测模式平均次数，数字 0 是连续测距模式，数字 1-9 是 N 次平均测量模式。出厂时仪器已置为 1（单次测量）。	FinE 0
按 [HOLD] 键（▲键），改变闪烁的数字位，反复按动 [HOLD] 键（▲键），使数字 0-9 循环，停在数字 3，当前测距模式是 3 次平均测量模式。	FinE 3
5. 按下 [OSET] 键，记录模式设置，关机，仪器将保留此次设置。	SET

3.4.4 测距（N 次平均测量）

操作如图 3-13 所示。

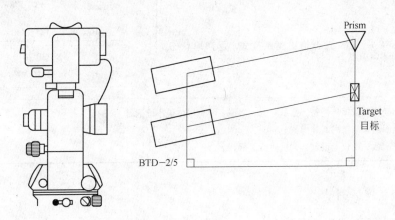

图 3-13

确定仪器处在角度测量状态，DAD30E 处在等待测量状态（测距仪显示屏为 Good 字样），操作方法见表 3-10。

表 3-10

操 作 步 骤	显 示
1. 用仪器瞄准目标，用 DAD30E 瞄准棱镜。	V 89°30′20″ H_R 112°10′30″
2. 按下 [FUNC] 后，按下 [OSET] 键，进入测距模式，等待从 DAD30E 传来的斜距数值测量开始，并显示每次测出的平距值，同时显示测量计数值[*1]。	V 89°30′20″ F H_R 112°10′30″
	◣ m H_R 112°10′30″

续表 3-10

操 作 步 骤	显 示
	◤* 　　　123.456m 　1 H_R　　112°10′30″
	◤* 　　　123.456m 　2 H_R　　112°10′30″
	◤* 　　　123.456m 　3 H_R　　112°10′30″
3. 最后显示平距 3 次平均值*2,*3。	◤ 　　　123.456m 　3AVG H_R　　112°10′30″
4. 反复按动［FUNC］和［OSET］键显示值将会循环转换到高差、斜距、平距等数值。	3 次测量 ◤ 　　　1.324m 　3AVG H_R　　112°10′30″
	◢ 　　　131.578m 　3AVG H_R　　112°10′30″
5. 按下［ANG%］键，仪器退出测距模式，返回原状态，DAD30E 返回到 GOOD 状态（等待测试）。	V　　89°30′20″ H_R　112°10′30″
*1测距仪和经纬仪数据传输时，显示标志*出现，距离单位最小读数是1mm。 *2仪器在显示测量结果时，蜂鸣器会响。 *3平均测量次数，由仪器设置，关机后可保留。	

3.4.5　测距（连续测量）

确定仪器处在角度测量状态，测距模式处在连续测量状态，测距仪在等待状态，操作方法见表3-11。

表 3-11

操 作 步 骤	显 示
1. 用仪器瞄准目标，用 DAD30E 瞄准棱镜。	V　　89°30′20″ H_R　112°10′30″
2. 按下［FUNC］后，按下［OSET］键，进入测距模式，等待从 DAD30E 传来的连续测量数值。	◤ 　　　　　m H_R　112°10′30″
3. 测量开始，并显示每次测量出的平距值，最小读数单位是1mm。	◢ 　　　123.456m H_R　112°10′30″

续表 3-11

操 作 步 骤	显 示
4. 反复按动〔FUNC〕和〔OSET〕键显示值将会循环转换到高差、斜距、平距等数值。	◢◢ 131.578m H$_R$ 112°10′30″
5. 按下〔ANG%〕键，仪器退出连续测距模式，返回原状态。DAD30E返回到等待测试状态。	V 89°30′20″ H$_R$ 112°10′30″

3.4.6 测距（跟踪测量）

确定仪器处在角度测量状态，测距模式处在跟踪测量状态，测距仪在等待状态，操作方法见表 3-12。

表 3-12

操 作 步 骤	显 示
1. 用仪器瞄准目标，用 DAD30E 瞄准棱镜。	V 89°30′20″ H$_R$ 112°10′30″
2. 按下〔FUNC〕后，按下〔OSET〕键，进入测距模式，等待从 DAD30E 传来的跟踪测量数值。	◢ m H$_R$ 112°10′30″
3. 测量开始，并显示每次测量出的平距值，最小读数单位是10mm。	◢◢ 123.45m H$_R$ 112°10′30″
4. 反复按动〔FUNC〕和〔OSET〕键，显示值将会循环转换到高差、斜距、平距等数值。	◢◢ 131.57m H$_R$ 112°10′30″
5. 按下〔ANG%〕键，仪器退出跟踪测距模式，返回原状态。DAD30E返回到等待测试状态。	V 89°30′20″ H$_R$ 112°10′30″

3.4.7 坐标测量

以下描述的是以仪器点为坐标原点的坐标测量模式，如图 3-14 所示。坐标测量包括纬度、经度和高差的测量。如果不是以仪器点而是以其他点作为坐标原点，应使用数据采集器置放仪器点的坐标方法测量。

确定仪器处于测角模式，操作方法见表3-13。

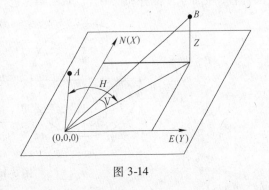

图 3-14

表 3-13

操　作　步　骤	显　示
1. 用水平微动螺旋对好已知点的方位角。	V　　　90°10′20″ H_R　　320°13′50″
2. 按下［HOLD］键，保持已知 A 点的方位角。	V　　　90°10′20″ H_R　　320°13′50″
3. 照准已知点 A，按下［HOLD］键，准备测量未知点 B。	
4. 用水平微动螺旋和垂直微动螺旋照准未知点 B。	V　　　91°45′40″ H_R　　62°09′20″
5. 按下［FUNG］和［ANG%］键，进入坐标测量模式，等待从 DND30E 传来的斜距数值。	／|　　＊　　　　　m H_R　　62°09′20″
6. 测量开始，DND30E 传送来的斜距值显示为 N 坐标值。	／|　　35.678m H_R　　62°09′20″
7. 再次按［FUNG］和［ANG%］键，坐标值 N（／|）、E（∠）和 Z（⌐|）将轮流显示。	∠　　　35.678m H_R　　62°09′20″
	⌐|　　　2.354m H_R　　62°09′20″
8. 按下［ANG%］键，恢复正常测角模式	V　　　91°45′40″ H_R　　62°09′20″

3.5　其他功能

A　用十字丝测距

BTD-2/5 可用十字丝进行测距，如图 3-15 所示，这是一种很简单的方法，但需使用有刻度的标杆，比如水平测杆和视距杆。观察望远镜，视距丝上下之间的间隔乘以 100 就是从仪器

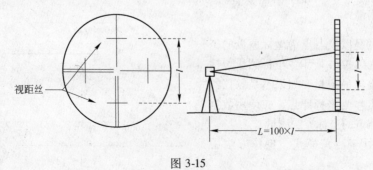

视距丝

$L=100×l$

图 3-15

的中心到测杆的距离（视距丝的间隔指的是视距丝上下两条刻线在测杆上所截取的读数）。

（1）首先在测点上竖好标杆。

（2）仪器整平，通过望远镜观察，确定上下视距丝在测杆上截取的间隔"l"。

（3）从仪器垂球线中心到测杆的距离 L 就是视距间隔（或视距读数或标杆读数或"l"）的 100 倍，$L = 100 \times l$。

B 自动断电功能

如果 30min 无操作键的操作，电源就会自动断电。置放这种功能请参考 3.6 节"模式选择"。

C 置放角度最小读数

可以选择最小显示单位用于测角，如下所示。

$$1''/5'' \ (0.2\mathrm{mgon}/1\mathrm{mgon})$$

置放这种功能请参考 3.6 节"模式选择"。

3.6 模式选择

通过键盘操作可以设置如下模式。

3.6.1 选择模式的项目

选择模式的项目见表 3-14 和表 3-15。

表 3-14

模 式 选 择 1				
序 号	项 目	内 容	置放数值 0	置放数值 1
1	角度单位 DEG/GON	选择角度单位"度"（DEG）或 gon（GON）	DEG	GON
2	角度单位 MIL	选择角度单位 MIL	DEG/GON	MIL
3	垂直角 天顶 0/水平 0	选择自天顶或水平测垂直角	天顶 0	水平 0
4	最小角度单位	选择最小的角度单位	5''	1''
5	倾斜校正 ON/OFF	置放倾斜校正功能	OFF	ON
6	自动断电 ON/OFF	置放连续超过 30 分钟无操作的自动断电功能	OFF	ON
7	输出数据类型	选择 REC-A 或 REC-B 两种类型输出数据 REC-A：测量开始，输出重新测数据 REC-B：输出当前显示数据	REC-A	REC-B
8	CR，LF（回车，换行）	选择是否输出带回车换行的数据	OFF	ON

表 3-15

模 式 选 择 2			
序 号	项 目	内 容	置放数据 0	置放数据 1
1	距离单位	选择距离单位米或英尺	米	英尺

模　式　选　择　2				
序　号	项　目	内　容	置放数据 0	置放数据 1
2	距离显示顺序	选择距离显示顺序	◢ → ◢ → ◿	◢ → ◢ → ◿
3	H. l 误差校正	置放 H. l 值功能仪器高差	OFF	ON
4	两差校正	选择是否进行两差校正	OFF	ON
5	两差校正系数	置放两差校正系数 K = 0.14 或 K = 0.20	K = 0.14	K = 0.20
6	NEZ 记忆功能	关机后仍旧可以保留仪器点坐标	OFF	ON
7	NEZ/ENZ	选择坐标的显示顺序为 NEZ 或 ENZ	NEZ	ENZ
8	不　用			

3.6.2　模式设置的方法

3.6.2.1　选择模式 1

例：最小角度单位：5″，倾斜校正：关闭（OFF）

操作方法见表 3-16。

表 3-16

操　作　步　骤	操　作	显　示
1. 按住［R/L］键，开机。 显示当前所置放的数值，第一位数字闪烁。	［R/L］ + Power ON	SELECT　1 00111000 第八位数字　第一位数字
2. 按［◄］键，设置第四位数字闪烁。	［◄］	SELECT　1 00111000 闪烁
3. 按［▲］键，置第四位数字为 0。	［▲］	SELECT　1 00110000
4. 按［◄］键，设置第五位数字闪烁。	［◄］	SELECT　1 00110000 闪烁
5. 按［▲］键，置第五位数字为 0。	［▲］	SELECT　1 00100000
6. 按［OSET］键。	［OSET］	SELECT　1 SET

续表 3-16

操 作 步 骤	操 作	显 示
7. 关机	Power OFF	

注　1. 按［▶］键，闪烁数字向右移动。

　　　当第一位数字闪烁时，按［▶］键，闪烁数字向第八位数字移动；

　　　当第八位数字闪烁时，按［◀］键，闪烁数字向第一位数字移动。

　　2. 每次按［▲］键时，闪烁数字值 0/1 相互转换。

3.6.2.2　选择模式 2

例：H. l. 校正：ON，NEZ 储存：ON

操作方法见表 3-17。

表 3-17

操 作 步 骤	操 作	显 示
1. 按住［ANG%］键，开机。 显示当前所置放的数值，第一位数字闪烁。	［ANG%］ + Power ON	S E L E C T　2 0 0 0 0 0 0 1 0 第八位数字　　　第一位数字
2. 按［◀］键，设置第三位数字闪烁。	［◀］	S E L E C T　2 0 0 0 0 0 0 1 0 闪烁
3. 按［▲］键，置第三位数字为 1。	［▲］	S E L E C T　2 0 0 0 0 0 1 1 0
4. 按［◀］键，设置第六位数字闪烁。	［◀］	S E L E C T　2 0 0 0 0 0 1 1 0 闪烁
5. 按［▲］键，置第六位数字为 1。	［▲］	S E L E C T　2 0 0 1 0 0 1 1 0
6. 按［OSET］键。	［OSET］	S E L E C T　2 SET
7. 关机。	Power OFF	

注　1. 按［▶］键，闪烁数字向右移动。

　　　当第一位数字闪烁时，按［▶］键，闪烁数字向第八位数字移动；

　　　当第八位数字闪烁时，按［◀］键，闪烁数字向第一位数字移动。

　　2. 每次按［▲］键时，闪烁数字值 0/1 相互转换。

3.7　电源与充电

A　电源

仪器所使用的电池为专用镍氢电池，电量 2000mAh。为让其正常工作请使用专用充电器。

a　电池的拆卸：

向下按压盖，向外拉出电池，如图 3-16 所示

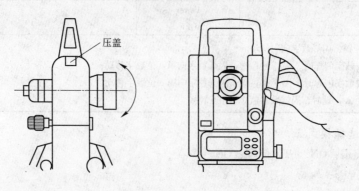

图 3-16

b　电池的安装

B　充电

将电池的底部突起卡入主机，朝仪器方向推动电池直至卡入位置为止。

a　电池的充电

（1）将电池从仪器上取下。

（2）将充电器电源插头插入交流电源上，发光管为红色。

（3）将充电器输出插头与待充电池相连，发光管闪亮，开始充电。

（4）电池充满后，发光管停闪恢复成红色，充电结束将电池从充电器上取下，充电器从电源插座上拨下来。

b　充电器技术参数

工作电压：220V±10%，约 50Hz

充电时平均充电电流：≤350mA

平均充电时间：7h

最大充电电流：450mA

C　注意事项

（1）不要直接拉电线，以免造成短路及电线插头损坏。

（2）电池充电应该在室内进行，温度应在 10 ~ 40℃ 之间，避免太阳直晒。

（3）充电器连续工作时间不宜超过 10 个小时，不充电时应从电源上取下。

（4）电池长时间不用时，应每隔 3 ~ 4 个月充电一次，并存放在 30℃ 以下的地方。（如果电池完全放电，会影响将来的充电效果，因此应保证电池经常充电）。

3.8　检查和校正

校正指导

（1）当通过望远镜观察时首先要调整好目镜，一定要确切调焦以消除视差。

（2）校正应该按项目的顺序进行，因为每个校正项目都是根据上一个项目进行的，以错误的程序进行校正均会影响到以前的校正。

（3）校正完毕，紧好螺钉。紧螺钉的力量要松紧合适，不要太紧，否则会损伤螺纹，产

生螺纹毛口。

（4）校正完毕一定要紧固好螺钉。

（5）校正结束后，要重复检验以确定校正结果。

3.8.1 检验和校正长水准器

3.8.1.1 检验

（1）让长水准器平行于三个安平螺旋中的两个（比如 A，B）的连接线，调整 A，B 安平螺旋使长水泡居中。

（2）转动仪器 180°（或 200g）观察水泡的移动，如果水泡移出中心，就要进行调整，如图 3-17。

3.8.1.2 校正

（1）用校针调整长水准器的校正螺钉，使水泡向着中心方向移动，调整的距离为偏移量的 1/2。

（2）然后旋转安平螺旋调整剩余的 1/2。

（3）水平转动仪器 180°（或 200g）观察水泡，若仍旧偏离中心需重复以上校正步骤。

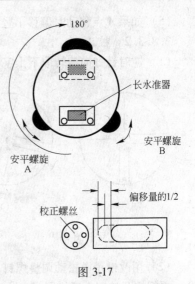

图 3-17

3.8.2 检查和校正圆水准器

（1）检查。仔细用长水准器整平仪器，如果圆水准器正确居中，就不必调整；否则就要进行调整。

（2）调整。在圆水准器的底部有三个调整螺钉（如图 3-18 所示），用校针调整这些螺钉使水泡居中。

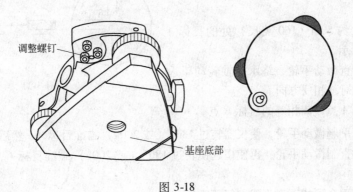

图 3-18

3.8.3 十字丝竖丝的检验和校正

如果分划板十字丝竖丝不垂直于水平轴就需要进行调整（因为测量水平角时有可能使用十字丝的任一点进行测量）。

3.8.3.1 检验

（1）将仪器放在三角架上并仔细整平。

（2）在距仪器 50m（160 英尺）处的墙上设置一点 A，用十字丝瞄准点 A。

（3）转动望远镜，观察 A 点是否沿竖丝方向移动。

（4）如果 A 点沿竖丝移动如图 3-19（a）所示，表明竖丝与水平轴垂直，就不必进行调整。

（5）如果 A 点移动时偏移了竖丝如图 3-19（b）所示，就需要调整分划板。

3.8.3.2　校正

（1）逆时针方向旋转取下十字丝调整螺钉的保护盖，将会看到四个调整螺钉，见图 3-20。

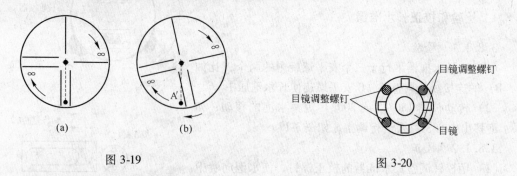

图 3-19　　　　　　　　　　　　　图 3-20

（2）用改锥稍微松动调整螺钉（记下螺钉松动的圈数），然后转动目镜头使竖丝和 A 点重合，再把松开的四个螺钉紧好。

（3）观察 A 点沿竖丝移动时有无横向偏离，如果没有，则校正结束。

3.8.4　仪器视准轴的检验和校正

此方法可以使仪器望远镜的视准轴垂直于仪器的水平轴。

3.8.4.1　检验

（1）在仪器的前后距仪器 50～60m 处各放置一明显的目标。

（2）瞄准大约 50m（160 英尺）处的目标 A 点，如图 3-21 所示。

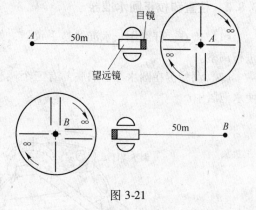

图 3-21

（3）旋转垂直微动手轮，绕水平轴转动望远镜 180°使望远镜对准相反方向。

（4）瞄准距 A 点距离相等的目标 B 点。

（5）旋转水平制微动手轮，使仪器转过 180°（或 200g）瞄准目标 A，然后锁紧。

（6）旋转垂直制微动手轮，再使望远镜转过 180°（或 200g）瞄准目标 C，则 C 点应与 B 点重合。

（7）如果不重合可按下列步骤进行调整。

3.8.4.2　调整

（1）松开分划板校正螺钉的保护盖。

（2）在 B，C 之间确定一点 D 如图 3-22 所示，DC 距离是 BC 距离的 1/4，BC 所示误差是实际误差的 4 倍，因为在检验操作时，转动了两次正倒镜。

（3）调整目镜上左右两个螺钉，移动竖丝与 D 点重合，完成校正后再检验一遍，若 B，C 重合就不用校了，否则就要重复以上校正步骤。

3.8.4.3　注意

（1）要移动十字丝竖丝，应先松动一边的调整螺钉，然后根据松开量拧紧另一边的调整螺钉，逆时针为松动螺钉，顺时针为拧紧螺钉，但最好松和紧的转动尽可能小一

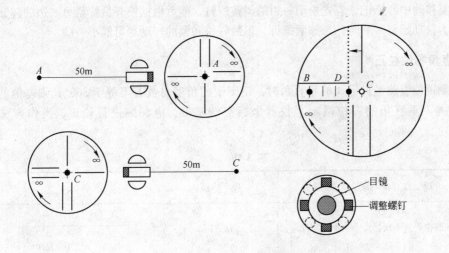

图 3-22

些。

（2）完成以上的校正后，还要进行垂直角零位的校正。

3.8.5 检验和校正光学对点器

为使对点器的光轴与竖轴重合，必须要校正对点器（否则当仪器瞄准时，竖轴不是处于真正的定位点上）。

3.8.5.1 检验

（1）观察对点器并进行调整，使中心标记成像于分划板中心圆的中心。

（2）沿竖轴转动仪器180°或200g进行检查，如果中心标记仍在圆的中心，就无需调整，否则应按下列方法进行调整。

3.8.5.2 调整

（1）逆时针方向旋转取下校正螺钉保护盖，用校针调整四个螺钉使中心标记朝中心圆方向移动，移动距离为偏移量的1/2，如图3-23所示。

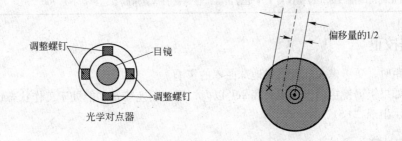

图 3-23

（2）旋转安平螺旋使中心标记移到中心圆内。

（3）转动仪器180°或200g，观察中心标记，若处于中心圆的中心则表明校正完毕，否则要重复以上校正步骤。

注意：要移动中心标记，应先松动一边的调整螺钉，然后根据松开量拧紧另一边的调整螺钉，逆时针为松动螺钉，顺时针为拧紧螺钉，但最好松和紧的转动尽可能小一些。

3.8.6　垂直角零位校正

当用正倒镜位置测量目标 A 的垂直角时，正倒镜的角度总数若不等于360°，则差值的一半是零位误差。垂直角的零位确定了仪器坐标点的基准，应仔细进行校正，操作方法见表3-18。

表 3-18

操　作　步　骤	操　　作	显　　　示
1. 用长水准器精确整平仪器。 2. 按住[OSET]键，开机。	［OSET］ + Power ON	V　　　0　SET
3. 转动望远镜，过零位。 4. 望远镜正镜瞄准目标 A。	转动望远镜 瞄准 A （正镜）	V　　STE　1 TILT
5. 按键［OSET］。 6. 倒镜瞄准目标 A。	［OSET］ 瞄准 A （倒镜）	V　　STE　2 TILT
7. 按动［OSET］键。 　所测的数值被置放，并进行正常的角度测量。 8. 关机。	［OSET］ Power OFF	SET

注：1. 在检验时如发生任何错误操作，就会显示错误，这时就要重新开始，重复以上操作步骤。
　　2. 通过正倒镜瞄准目标，检验仪器工作是否正常，正倒镜的垂直角读数总和是不是360°。

3.9　两差校正

仪器测距时，要考虑大气折射和地球曲率的影响。

注意：如果望远镜接近天顶或天底 ±9°以内，即使两差校正功能处于工作状态也不会有测量结果，显示出现"E51"。

3.9.1　距离计算公式

如图3-24所示，考虑折射和地球曲率的影响，根据以下公式计算水平和垂直距离：

水平距离　　　　　　　　　$D = AC(\alpha)$　or　$BE(\beta)$

垂直距离　　　　　　　　　$Z = BC(\alpha)$　or　$BA(\beta)$

$$D = L\{\cos\alpha - (2\theta - \gamma)\sin\alpha\}$$

$$Z = L\{\sin\alpha - (\theta - \gamma)\cos\alpha\}$$

式中　$\theta = L \cdot \cos\alpha/2R$——地球曲率校正；

　　　$\gamma = K \cdot L\cos\alpha/2R$——大气折射校正；

　　　$K = 0.14(0.2)$——折射系数；

　　　$R = 6372\text{km}$——地球曲率半径；

　　　α（或β）——高度角；

　　　L——斜距。

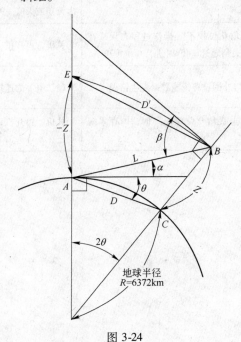

图 3-24

在没有提供折射率和地球曲率的情况下，水平和垂直距离的计算公式如下：

$$D = L \cdot \cos\alpha$$

$$Z = L \cdot \sin\alpha$$

注意：在运输仪器前，折射系数 K 为 0.14，如果 K 值有变化，请参考 3.6 节"模式选择"。

3.10　误差显示

误差显示内容及调整措施见表 3-19。

表 3-19

显　示	内　　　容	措　　　施
b	仪器倾斜超过 3′	正确整平仪器
E01	仪器照准部转动太快（超过 4 转/秒）	按键［OSET］，返回测量模式
E02	望远镜转动太快（超过 4 转/秒）	按键［OSET］，显示"OSET"后，转动望远镜置放 0 位

显　示	内　　　容	措　　　施
E03	内部测角系统出现问题	关机然后再开机，有时震动会产生这种误差，应减少震动
E04	在重复角度测量时，每次测量值之差	按键［OSET］，重新开始测量超过30″时显示
E51	在天顶、天底±9°之内，不可能进行两差校正	置折射率和地球曲率修正模式为 OFF 或从超出天顶或天底±9°的位置开始测量
E70	当"垂直角0位校正"操作过程有误或在与水平角的夹角超过±45°时进行0位校正	关机，再开机，确认程序，再进行校正
E80′s	BTD-2/5 与外围设备传输数据发生错误	确认电缆的连接及操作程序是否正确
E99	在进行"垂直角0位校正"时，内存系统发生错误	关机，再开机，确认程序是否正确再次进行校正

4 全站仪的使用

全站型电子速测仪（简称全站仪）具有测距、测角、记录、计算和存储等多种功能。它的基本组成部分有：电子经纬仪、光电测距仪、数据记录器（电子手簿）、反射棱镜、电源装置、全站仪的主要特点是：

（1）只要一次照准反射棱镜，即可测出水平角、垂直角和斜距，算出镜站的坐标和高程，并可记录测量与计算数据。

（2）通过全站仪的主机或电子手簿的标准通讯接口，可实现全站仪与计算机或其他外围设备之间的数据通讯，从而使测量数据的获取、管理、计算和绘图形成一个完整的自动化测量系统。

（3）利用全站仪的微处理来控制全站仪的测量与计算，配合相应的应用软件可实现气象改正、导线测量、前后方交会、碎部测量和施工放样等计算任务。

（4）仪器内部有双轴补偿器，可自动测量仪器竖轴和水平轴的倾斜误差，并对角度观测值加以改正。

下面以北京新北光大地仪器有限公司生产的 BTS-22 型全站仪为例，介绍全站仪的功能和使用方法。

4.1 全站仪各部件名称及其功能

4.1.1 全站仪的部件名称

全站仪的结构和部件名称如图 4-1 所示。

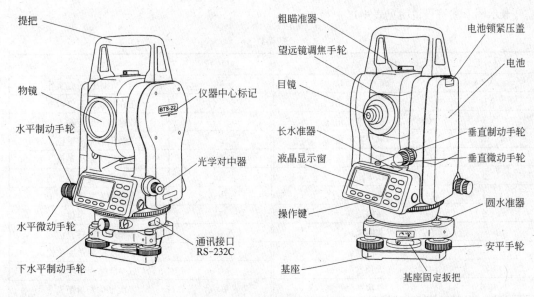

图 4-1

4.1.2 显示

4.1.2.1 显示屏

显示屏采用图形点阵式液晶显示器（168×65 点 LCD），可显示中文、西文和各种图形、数字、符号，一般显示屏上面 3 行显示观测数据，底行显示软件的功能，它随测量模式的不同而改变。

显示界面举例：

```
VZ:      90°32′41″   17:35
HR:      0°00′00″

置零  锁定  置盘  1 页↓
```
角度测量模式（第一页）
垂直角：90°32′41″
水平角：0°00′00″

```
VZ:      90°32′41″   17:35
HR:      0°00′00″
⌿:      565.728m ［单次］
均值  传输  米/英  2 页↓
```
距离测量模式（第二页）
垂直角：90°32′41″
水平角：0°00′00″
水平距离：565.728m ［单次］

```
N:       90.324m   17:35
E:       90.000m
Z:       −5.782m ［连续］
测量  模式  信号  1 页↓
```
坐标测量模式（第一页）
N（北向坐标）：123.456m
E（东向坐标）：34.567m
Z（天顶坐标）：78.912m

```
［目录］
F1：数据采集
F2：存储管理
                    1 页↓
```
目录模式（第一页）
在此模式下可进行各项存储测量
模式设置、参数和常数输入等选
项

4.1.2.2 显示图形和符号说明

显示图形和符号说明见表 4-1。

表 4-1

符　号	含　　义	符　号	含　　义
VZ	垂直天顶角	*	电子测距仪正在工作
VH	垂直高度角	⟨⟨⟨⟨⟨	正在接收测距仪数据
V%	垂直坡度角	⟩⟩⟩⟩⟩	数据向外部传输
HR	水平右增角	m	以公尺为距离单位
HL	水平左增角	ft	以英尺为距离单位
⌿	水平距离	Ht	水平角度复测累加值
⌿	高　差	Hm	水平角度复测平均值
⌿	倾斜距离	%	垂直角坡度单位
N	北向坐标	△ ⌿	水平距离放样差值
E	东向坐标	°′″	以 360 度为角度单位
Z	天顶方向坐标	G	以 400 格为角度单位
［单次］	单次测量距离	［平均］	多次平均测量距离
［跟踪］	跟踪测量距离	［连续］	连续测量距离

4.1.3 操作键

操作键显示界面如下：

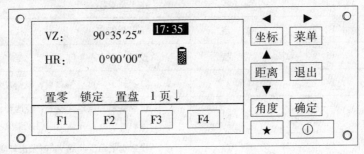

操作键名称和功能见表4-2。

表 4-2

键	名　称	功　能
◄ 坐标	坐标测量键	坐标测量模式
	数字左移键	在输入模式下，被修改字（闪烁字）左移一位
▲ 距离	距离测量键	距离测量模式
	数字上一行	在输入模式下，被修改字（闪烁字）上移一行
▼ 角度	角度测量键	角度测量模式
	数字下一行	在输入模式下，被修改字（闪烁字）下移一行
► 菜单	目录键	目录模式
	数字右移键	在输入模式下，被修改字（闪烁字）右移一位
退出	退出键	返回测量模式或上一层模式
确定	确定键	在输入模式下，输入的字符记录仪器内
★	星　键	该模式打开照明，调整显示对比度，输入常数等
①	电源键	开机，电源接通或切断
F1-F4	软键(功能键)	相对于显示的命令

4.1.4 功能键（F1—F4软键）

软键命令信息在显示屏的底行显示，按下对应的功能键则执行相应显示命令。

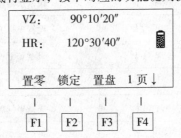

4.1.4.1 角度测量模式
角度测量模式见表4-3。

表 4-3

页　数	软　键	显　示	功　　　　能
1	F1	置　零	水平角置零
	F2	锁　定	水平角锁定
	F3	置　盘	设置一个水平角度
	F4	1 页 ↓	显示到下一页（第 2 页）软键功能
2	F1	倾　斜	设置倾斜补偿器开或关，若选开，则打开倾斜补偿器，并显示倾斜改正值
	F2	蜂　音	设置水平角度间隔 90° 时发出蜂鸣音
	F3	V 天顶	天顶角/高度角/坡度角的变换
	F4	2 页 ↓	显示到下一页（第 3 页）软键功能
3	F1	度/格	角度单位度制（DGREE）/格制（GON）的变换
	F2	R/L	水平角右旋增量/左旋增量变换
	F3	复　测	设置水平角平均多次重复测量模式
	F4	3 页 ↓	显示到下一页（第 1 页）软键功能

4.1.4.2　坐标测量模式

坐标测量模式见表 4-4。

表 4-4

页　数	软　键	显　示	功　　　　能
1	F1	测　量	进行坐标测量
	F2	模　式	设置测量模式，（精测/跟踪模式）
	F3	信　号	设置回光信号、音响模式
	F4	1 页 ↓	显示到下一页（第 2 页）软键功能
2	F1	高　程	输入棱镜高值，仪器高值
	F2	坐　标	输入仪器站点坐标值
	F3	方位角	设置坐标方位角
	F4	2 页 ↓	显示到下一页（第 3 页）软键功能
3	F1	均　值	设置 N 次测量次数
	F2	放　样	选择坐标放样测量模式
	F3	米/英	距离（公尺/英尺）单位变换
	F4	3 页 ↓	显示到下一页（第 1 页）软键功能

4.1.4.3 距离测量模式

距离测量模式见表4-5。

表4-5

页　数	软　键	显　示	功　　能
1	F1	测　量	进行距离测量
	F2	斜　距	设置测距模式，斜距/平距/高差转换
	F3	信　号	设置回光信号、音响模式
	F4	1页↓	显示到下一页（第2页）软键功能
2	F1	均　值	设置N次测量次数
	F2	传　输	数据传输
	F3	米/英	距离单位（公尺/英尺）变换
	F4	2页↓	显示到下一页（第3页）软键功能
3	F1	模　式	设置测量模式，（精测/跟踪模式）
	F2	专　项	专项应用（悬高、对边测量等）
	F3	放　样	选择距离放样测量模式
	F4	3页↓	显示到下一页（第1页）软键功能

4.1.5 星键模式

按下 ★ 键即可看到星键模式选项，并进行设置，见图4-2。

该项模式选项有四个功能各为：

（1）显示屏照明和十字丝照明的开和关；

（2）调节显示屏的黑白对比度；

（3）设置反射棱镜的常数；

（4）设置大气的压强和温度以计算大气改正常数，或直接设置大气改正常数。

图 4-2

4.2 测量前的准备

4.2.1 安置仪器

将仪器安置在三脚架上，精确整平和对中，应使用中心连接螺丝直径为5/8英寸，每英寸11条螺纹的三脚架。如博飞宽框木制三脚架。

仪器的整平与对中

（1）安置三脚架，将三脚架打开，伸到适当高度，拧紧三个固定螺丝。

（2）将仪器小心地装到三脚架上，松开中心连接螺丝，在架头上轻移仪器，直到垂球对准测站点，然后轻轻拧紧连接螺丝。

（3）利用圆水准器粗平仪器

1）旋转两个脚螺旋A、B，使圆水准器的气泡移到与上述两个脚螺旋连线的中心线上（如图所示）。

2）旋转脚螺旋 C，使气泡居于圆水准器中心（如图4-3 所示）。

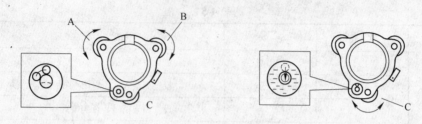

图 4-3

（4）利用长水准器精平仪器

1）松开水平制动螺旋，水平旋转仪器使长水准器平行于某一对角螺旋连线 AB 上，旋转 A、B 两个脚螺旋使长水准器气泡居中。

2）将仪器绕竖轴旋转90°（100g），再调整第三个脚螺旋，使长水准器管气泡居中，再次旋转90°（100g），重复1）、2）步骤，直至四个位置处的长水准器管气泡始终居中为止，如图4-4 所示。

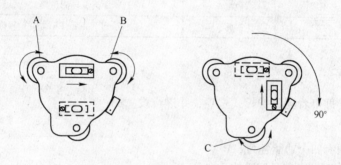

图 4-4

（5）利用光学对点器置中仪器。根据观测者的视力调整光学对中器望远镜的目镜，松开连接螺丝，轻移仪器，光学对中器的中心标志对准测站点，拧紧连接螺丝。

注意：尽量平移仪器，不要让仪器在架头上有转动，以尽可能减少气泡的偏移。

（6）利用激光对点器置中仪器。如果是安装了激光对点器的仪器，置中仪器时，应打开激光对点器开关，观察激光束，调整并移动仪器，使光斑与地面上的标记重合（如图4-5 所示）。确认后，关闭激光对点器开关。

（7）最后精确整平仪器。按第4 步精确整平仪器，直到仪器水平旋转到任何位置时，长水准器气泡始终居中为止，最后紧固中心连接螺丝。

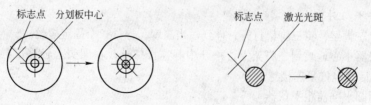

图 4-5

4.2.2 打开电源开关

（1）按下开关键使电源接通，显示仪器型号（2 秒钟）后，提示垂直角置零指令（旋转望远镜开始测量）。

（2）旋转望远镜，垂直角过零，进入测角状态。

做此操作前，须确认电池电量足够，若电池电量不足或显示"电池电量低，请更换电池"，就必须充电或更换电池，参见"电池电量显示"。操作显示结果如图 4-6 所示。

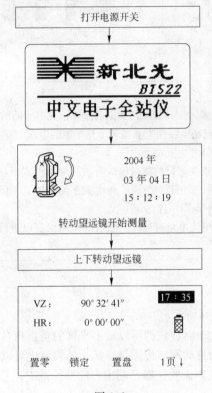

图 4-6

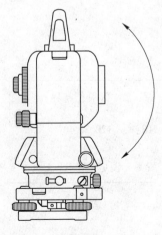

图 4-7

> **注意：**
> 为了设置垂直角 0° 位置，垂直度盘上提供了一个电子零基准，此时望远镜一旋转，传感器通过这一零基准，即开始进行垂直角测量。零基准位于望远镜水平位置附近，因此通过旋转望远镜很容易将垂直角置零，见图 4-7。

4.2.3 电池电量显示

电池电量显示表明电源状态

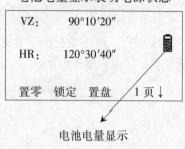

电池电量显示

由满电量到小电量都可以进行测量，当显示符号开始闪烁时，表明电池电量已耗尽，不可以再进行测量，应立即更换电池，如图 4-8 所示。

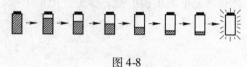

图 4-8

注意：

1. 电池使用的时间取决于诸多因素，如测站周围的温度，充电时间的长短，充电和放电的次数等，为保险起见，建议事先对电池充足电或预先准备若干充足电的电池。

2. 有关电池的使用参见 4.7 节"电源与充电"。

3. 电量显示表明电量级别与正在进行的测量模式有关，测角模式下显示的电池电量够用，并不一定能够保证在测距模式下也能用。由于测距模式耗电大于测角模式，因此，当测量模式由测角模式转换为测距模式时，常因电量不足而不能测距。

4. 当电源打开，显示屏出现电池电量符号时，则表明全站仪可以进行测量，这是仪器使用前检查电池电量的简单方法。

4.2.4 垂直角的倾斜改正

垂直角的倾斜改正如图 4-9 所示。

当倾斜传感器处于工作状态时，仪器可以对不平衡的垂直角自动修正，并显示其值。为了保证精密测角功能，必须启动自动倾斜传感器。显示的内容也可以用于仪器的精密整平，若显示信息出现"X 轴补偿超界"则表明仪器已超出自动补偿范围，必须人工整平。

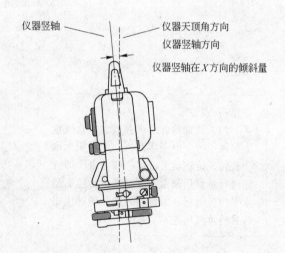

图 4-9

用软件设置倾斜改正的方法

例：设置 X（垂直）方向倾斜改正的功能关闭，操作方法见表4-6。

表 4-6

操 作 过 程	键 操 作	显　　　示
1. 按 F4 键，进入第 2 页功能。	F4	VZ:　　90°10′20″　17:35 HR:　　120°30′40″ 置零 锁定 置盘 1 页↓ 倾斜 蜂音 V 天顶 2页↓
2. 按 F1 键，进入设置倾斜传感器模式。	F1	［设置倾斜补偿］ X:　　　-0°00′45″ 倾斜补偿开 ［开］ 设置　　　退出 确定
3. 按 F1 键，关断倾斜传感器。	F1	［设置倾斜补偿］ X: 倾斜补偿开 ［关］ 设置　　　退出 确定
4. 按 F4 键，反回。	F4	VZ:　　90°10′20″　17:35 HR:　　120°30′40″ 倾斜 蜂音 V 天顶 2页↓

注：1. 在该模式下，观察倾斜量读数，调整基座螺旋，可以达到精确整平仪器的效果。
　　2. 这里设置的状态，关机后将不保留。若在参数设置模式下设置倾斜改正开或关，关机后将被保留，方法请参见"打开或关闭倾斜改正，设置垂直角模式"。

4.2.5 字母数字输入方法

在前站仪使用过程中，经常要输入字母和数字，例如使用在数据采集中，选择文件，进入输入文件名的操作模式，假设输入文件名为：KG01。

（1）待输入的文件名的字符黑体在闪烁。按 F4 键进入第二页字符条目

选择文件
文件名　FN：■
〈文件记录数 255〉
0123　4567　89 + -　1 页↓
ABCD　EFGH IJKL　2 页↓

（2）在第二页字符条目中，选择一组字符。按 F3（IJKL）键

```
选择文件
文件名  FN： █
〈文件记录数 255〉
ABCD  EFGH  IJKL  2 页↓
 [I]   [J]   [K]  [L]
```

（3）按 F3（K）键，输入字符 K

```
选择文件
文件名  FN： K█
〈文件记录数 255〉
ABCD  EFGH  IJKL  2 页↓
```

4.3 角度测量

4.3.1 水平角（右角）置零和垂直角测量

确认仪器处于测角模式第一页，操作方法见表 4-7。

表 4-7

操 作 过 程	键 操 作	显 示
1. 按 F1 键，进入水平角度置零模式。	F1	VZ： 90°10′20″ 17:35 HR： 120°30′40″ 置零 锁定 置盘 1 页↓
2. 若确认置零，照准第一个目标（A）按下 F4 键，返回测角模式。置目标 A 的水平角为：0°00′00″。	照准 A F4	［水平度盘置零］ HR： 0°00′00″ 退出 确定
		VZ： 90°10′20″ 17:35 HR： 0°00′00″ 置零 锁定 置盘 1 页↓
3. 照准第二个目标（B）即显示目标 B 的垂直角和水平角。	照准 B	VZ： 98°36′20″ 17:35 HR： 160°40′20″ 置零 锁定 置盘 1 页↓

注：在置零模式下，按 F1 （退出）键，可返回先前模式。

4.3.1.1 瞄准目标的方法（供参考）

（1）用望远镜对准明亮天空，旋转目镜筒，调焦看清十字丝（先旋出目镜筒再慢慢旋进调焦），如图 4-10 所示。

（2）利用瞄准器内的三角形标志的顶点瞄准点，照准时眼睛与瞄准器之间应留有距离。

（3）利用望远镜调焦螺旋使目标成像清晰。

4.3.1.2 消除视差

当眼睛在目镜端上下、水平移动发现有视差时，说明调焦或十字丝位置不正确，这将影响观测的精度，应仔细调焦，认真旋转目镜筒，看清十字丝，尽可能消除视差现象。

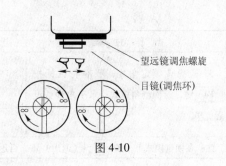

望远镜调焦螺旋

目镜(调焦环)

图 4-10

4.3.2 水平角（右角/左角）测量模式的转换

确定仪器处于测角模式的第一页，操作方法见表4-8。

表 4-8

操 作 过 程	键 操 作	显　　示
1. 按 F4 键两次，进入第3页功能。	F4	VZ： 90°10′20″　17:35 HR： 120°30′40″ 置零　锁定　置盘　1页↓
2. 按 F2 键水平右角（HR）模式换为左角（HL）模式。	F4	倾斜　蜂音　V天顶　2页↓ 度/格　P/L　复测　3页↓
3. 进行左角增量（HL）模式测量。	F2	VZ： 90°10′20″　17:35 HL： 239°29′20″ 度/格　R/L　复测　3页↓

注：每按一次 F2 （R/L）键，右角/左角模式依次转换。

4.3.3 水平度盘读数的设置

4.3.3.1 水平角读数锁定法

确定仪器处于测角模式的第一页操作方法见表4-9。

表 4-9

操 作 过 程	键 操 作	显　　示
1. 利用水平微动螺旋，设置所需的水平角读数。	显示预置的角度	VZ： 90°10′20″　17:35 HR： 130°40′20″ 置零　锁定　置盘　1页
2. 按 F2 键，进入水平角锁定模式。	F2	［水平度盘锁定］　17:35 HR： 130°40′20″ 退出　　　　解除

续表 4-9

操　作　过　程	键　操　作	显　　　示
3. 若确认锁定角度，照准一目标按 F4 键，返回测角模式，水平角读数设置完毕。	照准目标 F4	VZ:　　90°10′20″　17:35 HR:　　130°40′20″ 置零　锁定　置盘　1页
注：在锁定模式下，按 F1 （退出）键，可返回先前模式。		

4.3.3.2　键盘输入水平角法

确认仪器处于测角模式的第一页，操作方法见表4-10。

表 4-10

操　作　过　程	键　操　作	显　　　示
照准目标 A，设定所需水平角为例 70°40′20″。	照准	VZ:　　90°10′20″　17:35 HR:　　170°30′20″ 置零　锁定　置盘　1页↓
1. 按 F3 （置盘）键，进入水平角模式，按▶或◀键右移或左移下一个要修改的数字。按底行的对应的数字对闪烁的反白数字进行修改，直至键入所需水平角。	F3 ▶ F2 F4 ▶ F2 F1 ▶ F1 F3	[配置水平度盘] HR: 0 00°00′00″ 0123　4567　89 + -　确定 [配置水平度盘] HR: 0 7 0°00′00″ 0123　4567　89 + -　确定
2. 输入完毕，按 F4 （确定）键返回角度测量模式。	F4	[配置水平度盘] HR: 070°40′2 0 ″ 0123　4567　89 + -　确定
至此，即可按照设定的角度进行正常角度测量。		VZ:　　90°10′20″　17:35 HR:　　70°40′20″ 置零　锁定　置盘　1页↓
注：在置盘模式下，按 退出 键，可返回先前模式。		

4.3.4 垂直天顶角/高度角/坡度角模式转换

三种测角模式如图4-11所示。

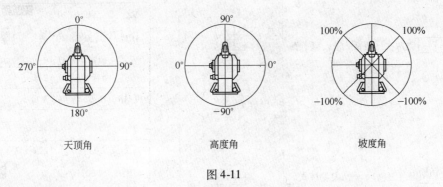

图 4-11

确认仪器处于测角模式，操作方法见表4-11。

表 4-11

操 作 过 程	键 操 作	显 示
1. 在垂直天顶角测量模式下按 F4 键，进入测角模式第二页。	F4 1 页↓ F3 V 天顶	VZ: 90°10′20″ 17:35 HR: 130°40′20″ 置零 锁定 置盘 1页↓ 倾斜 蜂音 V天顶 2页↓
2. 按 F3 键改变垂直角测量模式为高度角测量模式。	F3 V 高度	VZ: −0°10′20″ 17:35 HR: 130°40′20″ 倾斜 蜂音 V高度 2页↓
3. 再按 F3 键改变高度角测量模式为坡度角测量模式。		V%: −0.30% 17:35 HR: 130°40′20″ 倾斜 蜂音 V高度 2页↓
注：1. 每按一次键，显示模式按 V天顶→V高度→V坡度转换。 　　2. 如果偏离了水平线的坡度角超过±100%（±45°），既显示—（超出范围）。		

4.3.5 水平角重复测量

确定仪器处于测角模式的第一页，操作方法见表4-12。

表 4-12

操 作 过 程	键 操 作	显　　　示
1. 按 F4 键两次，翻页，进入第 3 页功能。	F4 F4	VZ：　　90°10′20″　17:35 HR：　120°30′40″ 置零　锁定　置盘　1 页↓ 倾斜　蜂音　V 坡度　2 页↓ 度/格　R/L　复测　3 页↓
2. 按 F3 键（复测），进入复测模式。	F3	［角度复测］　　计数［00］ Ht：　20°10′40″ Hm： 退出　置零　解除　锁定
3. 照准目标 A，按 F2 （置零）键，使角 A 置零。	照准 A F2	［角度复测］　　计数［00］ Ht：　0°00′00″ Hm： 退出　置零　解除　锁定
4. 利用水平制微动螺旋照准目标 B。	照准 B	［角度复测］　　计数［00］ Ht：　120°30′20″ Hm： 退出　置零　解除　锁定
5. 按下 F4 键（锁定），获得一次测量值。	F4	［角度复测］　　计数［01］ Ht：　120°30′20″ Hm：　120°30′20″ 退出　置零　解除　锁定
6. 利用水平制微动螺旋再次照准目标。按下 F3 （解除）键解除锁定。	照准 A F3	［角度复测］　　计数［02］ Ht：　120°30′20″ Hm：　120°30′20″ 退出　置零　解除　锁定
7. 利用水平制微动螺旋再次照准目标 B，按 F4 （锁定）键，得到二次累加值（Ht）和二次平均值（Hm）。	照准 B F4	［角度复测］　　计数［02］ Ht：　241°00′40″ Hm：　120°30′20″ 退出　置零　解除　锁定

操 作 过 程	键 操 作	显　　示
8. 重复 6、7 步骤直至所需的观测次数的数据。		↓ ↓ ↓ ↓ [角度复测]　　计数 [00] Ht：　　482°01′20″ Hm：　　120°30′20″ 退出　置零　解除　锁定 重复测量四次

注：1. 水平角累计最大值为 ±1999°59′59″

　　2. 在复测模式下按 |F1| （退出）键，返回先前模式。

4.3.6　水平角度间隔蜂鸣音的设置

如果水平角位于 0°90°180°270°的 ±1°以内时，蜂鸣音会响起。

此项设置关机后不保留。

确认仪器处于测角模式，操作方法见表 4-13。

表 4-13

操 作 过 程	键 操 作	显　　示
1. 按 |F4| 键一次，进入第 2 页功能。	F4	VZ：　　90°10′20″　17:35 HR：　　120°30′40″ 置零　锁定　置盘　1页↓ 倾斜　蜂音　V坡度　2页↓
2. 按 |F2| 键，角度功能模式进入了水平角度 90°间隔蜂鸣音的设置模式。	F2	水平角 90°间隔峰音：关 天/关　　　　　　　确定
3. 按 |F1| 键，将蜂鸣音的关闭状态打开。	F1	水平角 90°间隔峰音：开 天/关　　　　　　　确定
4. 按 |F4| 键，确认蜂鸣音已打开，返回测角模式。	F4	VZ：　　90°10′20″　17:35 HR：　　120°30′40″ 倾斜　蜂音　V高度　2页↓

4.3.7　角度单位的转换

确定仪器处于测角模式第一页，操作方法见表4-14。

表 4-14

操　作　过　程	键　操　作	显　　　示
1. 按 F4 键两次，进入第3页功能。	F4 F4	VZ:　　90°10′20″　17:35 HR:　　120°30′40″ 置零　锁定　置盘　1页↓ 倾斜　蜂音　V 高度　2页↓ 度/格　R/L　复测　3页↓
2. 按 F1 键，角度单位由度（Dgree）模式转换为格（Gon）模式。	F1	VZ:　100.1910G　17:35 HR:　133.9010G 度/格　R/L　复测　3页↓

注：每按一次 F1 （度/格）键，角度单位模式依次变换。

4.4　距离测量

4.4.1　大气改正的设置

设置大气改正有两种方法：

（1）测定温度和气压，大气改正值由仪器自动计算出。其设置方法参见4.6节"设置温度和气压值的方法"。

（2）由人工计算大气改正值，并直接输入仪器。其设置方法参见4.6节"直接设置大气改正值常数模式"，此项设置关机后被保留。

4.4.2　仪器常数改正的设置

仪器常数有仪器加常数和仪器乘常数两种。出厂前，厂家已在基线上将仪器常数作了精确地设置，因此用户不宜随便改动，以免产生测量误差。如需要校正或改动，请参见4.9节"仪器加常数的检验和校正"和4.9节"仪器乘常数的检验和校正"的方法，设置方法参见4.6节"设置测距仪仪器常数模式"。此项设置关机后被保留。

4.4.3　棱镜常数改正的设置

新北光大地仪器有限公司的棱镜常数为0，因此棱镜常数就设置为0，如用其他厂家的棱镜，则需预先设置相应的常数，参见4.6节"设置测距目标棱镜常数模式"，此项设置关机后被保留。

4.4.4　用软件选择距离单位公尺／英尺转换

操作方法见表4-15。

表 4-15

操 作 过 程	键 操 作	显 示
1. 在测距模式下，按 F4 键（1页↓）进入第二页功能。	F4	VZ: 90°10′20″ 17:35 HR: 120°30′40″ ∠: 2.000m［平均］ 测量 斜距 信号 1页↓
	F3	VZ: 90°10′20″ 17:35 HR: 120°30′40″ ∠: 2.000m［平均］ 均值 传输 米/英 2页↓
2. 每按一次 F3 键（米/英）显示单位就会依次变换。		VZ: 90°10′20″ 17:35 HR: 120°30′40″ ∠: 6.565ft［平均］ 均值 传输 米/英 2页↓

注：此项设置关机后不保留，但在菜单模式下设置，见4.6节"设置度量单位"关机后将保留设置。

4.4.5 照准被测目标，观察回光信号

在该模式下仪器将接收光信号的照准强度。当仪器接收到从棱镜反射回来的光以后仪器会发出蜂鸣音，并显示信号强度指示，该功能在目标难瞄准时很有用，操作方法见表4-16。

表 4-16

操 作 过 程	键 操 作	显 示
1. 按 距离 键进入测距模式。	距离	VZ: 90°10′20″ 17:35 HR: 120°30′40″ 置零 锁定 置盘 1页↓
2. 按下 F3（信号）键进入回光信号模式。	F3	VZ: 90°10′20″ 17:35 HR: 120°30′40″ ∠: m［连续］ 测量 斜距 信号 1页↓

操　作　过　程	键　操　作	显　　　示
3. 照准棱镜，测距仪接收到回光信号，信号强度在显示屏上显示，信号越强，出现的■符号越多，并伴随有不同频率的蜂鸣音。按 F1 键可关闭音响状态。	照准棱镜	［测距信号］　　音响 ［开］ psm：+00　ppm　+00 信号强度：■■■■■■■ 音响　　　　　　　退出
4. 按 F4 （退出）键，返回到测距状态。	F4	VZ：　90°10′20″ 17:35 HR：　120°30′40″ ∠：　　　　m ［连续］ 测量　斜距　信号　1页↓

4.4.6　测量距离

4.4.6.1　连续测量

当预置的测距模式为精测、观测次数为 00 时，仪器自动按设置为连续测量方式工作。操作方法见表 4-17。

表 4-17

操　作　过　程	键　操　作	显　　　示
1. 照准被测目标中心。		VZ：　90°10′20″ 17:35 HR：　120°30′40″ 置零　锁定　置盘　1页↓
2. 在测角模式下，按 距离 键，进入测距模式，屏幕第三行显示斜距模式符号和连续测量字样。	距离	VZ：　90°10′20″ 17:35 HR：　120°30′40″ ∠：　　　　m ［连续］ 测量　斜距　信号　1页↓
3. 按 F1 键，测距仪开始测量，测距仪工作时符号"＊"显示。测量进行中，测量结果反复显示。	F1	VZ：　90°10′20″ 17:35 HR：　120°30′40″ ∠：＊ 123.567m ［连续］ 测量　斜距　信号　1页↓

操 作 过 程	键 操 作	显　　　示
4. 测量过程中，按 F2 键，可以改变斜距模式为水平距离和高差的显示。	F2 F2	VZ: 90°10′20″ 17:35 HR: 120°30′40″ ⊿:* 123.559m [连续] 测量 平距 信号 1页↓ VZ: 90°10′20″ 17:35 HR: 120°30′40″ ⊿:* 1.337m [连续] 测量 高差 信号 1页↓
5. 按 退出 键，可以中断连续测量状态。	F2 退出	VZ: 90°10′20″ 17:35 HR: 120°30′40″ ⊿:* 123.567m [连续] 测量 斜距 信号 1页↓ VZ: 90°10′20″ 17:35 HR: 120°30′40″ ⊿: [连续] 测量 斜距 信号 1页↓

4.4.6.2　单次/N 次测量

当预置了观测次数时，仪器自动按设备的次数进行距离测量并显示出平均距离值（仪器出厂时设置为连续观测）。

例： 三次平均观测，操作方法见表 4-18。

表 4-18

操 作 过 程	键 操 作	显　　　示
1. 照准棱镜中心。		VZ: 90°10′20″ 17:35 HR: 120°30′40″ 置零 锁定 置盘 1页↓
2. 按 距离 键进入测距模式，进行三次平均测量，测量次数显示在测距单位后的方括号内。	距离	VZ: 90°10′20″ 17:35 HR: 120°30′40″ ⊿: m [平均] 测量 斜距 信号 1页↓

操 作 过 程	键 操 作	显　　　示
3. 按 ⬚F1⬚ 键（测量）测距仪开始测量，测距仪工作时符号"＊"显示。每次测量结果按预先设定的测量模式（斜距、平距或高差）显示，测量次数显示值逐次加一。	F1	VZ：　　90°10′20″　17:35 HR：　120°30′40″ ⊿：＊　5.678m［01］ 测量　斜距　信号　1 页↓ VZ：　　90°10′20″　17:35 HR：　120°30′40″ ⊿：＊　5.678m［02］ 测量　斜距　信号　1 页↓ VZ：　　90°10′20″　17:35 HR：　120°30′40″ ⊿：＊　5.678m［03］ 测量　斜距　信号　1 页↓
4. 三次测量结束后，显示测量平均值，同时符号"＊"消失，方括号内显示"平均"字样。		VZ：　　90°10′20″　17:35 HR：　120°30′40″ ⊿：＊　5.678m［平均］ 测量　斜距　信号　1 页↓
5. 按 ⬚F2⬚ 键，可改变测量模式，可以转换显示平距、高差和斜距值。	F2 F2	VZ：　　90°10′20″　17:35 HR：　120°30′40″ ⊿：　　5.678m［平均］ 测量　平距　信号　1 页↓ VZ：　　90°10′20″　17:35 HR：　120°30′40″ ⊿：　−0.016m［平均］ 测量　高差　信号　1 页↓

注：可以选择开机后进入斜距或平距测量模式，参见 4.6 节设置测量距离模式。此项设置关机后被保留。

4.4.6.3 跟踪测量

当预置的距离观测模式为跟踪时，仪器按跟踪测量方式工作。跟踪方式的测量速度较快，测量精度低于精测方式。最小显示单位为 10mm。

操作方法见表 4-19。

表 4-19

操作过程	键操作	显示
1. 照准被测目标中心。		VZ: 90°10′20″ 17:35 HR: 120°30′40″ 置零 锁定 置盘 1页↓
2. 在测角模式下，按 距离 键，进入测距模式，屏幕第三行显示斜距和〔跟踪〕字样。	距离	VZ: 90°10′20″ 17:35 HR: 120°30′40″ ∠: m〔跟踪〕 测量 斜距 信号 1页↓
3. 按 F1 （测量）键，测距仪开始测量，测距仪工作时符号"＊"显示。测量结果重复显示。	F1	VZ: 90°10′20″ 17:35 HR: 120°30′40″ ∠:＊ 123.56m〔跟踪〕 测量 斜距 信号 1页↓
4. 按 退出 键，可以中断连续跟踪测量。	退出	VZ: 90°10′20″ 17:35 HR: 120°30′40″ ∠:＊ 123.56m〔跟踪〕 测量 斜距 信号 1页↓

4.4.7 精测模式/跟踪模式的设置

（1）精测模式：是正常的测距模式。显示单位为 1mm；测量时间为 5s。

（2）跟踪模式：此模式观测时间短，主要用于跟踪运动目标或放样测量，显示单位：10mm，测量时间为 0.5s。

确定仪器处于测距模式第一页，操作方法见表 4-20。

表 4-20

操 作 过 程	键 操 作	显　　示
1. 按 F4 键两次进入第三页的测距模式下按 F1 键（模式）转入模式设置页面，当前显示在方括号内的为精测模式字样。	F1	VZ:　　90°10′20″　17:35 HR:　　120°30′40″ ⊿:　　　　　m［平均］ 模式　专项　放样　3页↓
2. 按 F1 （模式）键，进入模式设置页面，当前显示为括号内精测字样。	F1	［设置测距模式］ 测量模式：［精测］ 模式　　　　退出　确定
3. 按 F1 （模式）键，使显示在方括号内的字改变为跟踪字样，模式转换完毕。	F1	［设置测距模式］ 测量模式：［跟踪］ 模式　　　　退出　确定
4. 按 F4 （确定）键，返回，今后测量将为跟踪测量模式。	F4	VZ:　　90°10′20″　17:35 HR:　　120°30′40″ ⊿:　　　　　m［跟踪］ 模式　专项　放样　3页↓

注：此项设置关机后不保留。在菜单模式下设置，关机后可保留。方法参见 4.6 节"设置测距测量模式"。

4.4.8　设定距离测量观测次数

本方法设置仪器测距的次数，若设置为 01 次，即为单次测量，若为 00 次，即为连续测量，否则为多次平均测量（平均次数最大为 99 次）。此项设置关机后将保留。

例：设置观测次数由单次测量改为三次平均测量，操作方法见表 4-21。

表 4-21

操 作 过 程	键 操 作	显 示
1. 进入测距模式第二页。按 F1 （均值）键，进入测量次数输入模式，按▶或◀键右移或左移下一个要修改的数字。按底行的对应的数字对闪烁的反白数字进行修改，直至键入所需均值数。	F1 ▶ F1 F4	VZ: 90°10′20″ **17:35** HR: 120°30′40″ ∡: m ［连续］ 均值 传输 米/英 2 页↓ ［输入测量次数］ ［0**1**］ 0123 4567 89 + − 确定
2. 输入完毕，按 F4 （确定）键返回测量模式。	F4	［输入测量次数］ ［0**3**］ 0123 4567 89 + − 确定
3. 至此，即可按照设定的三次平均值进行距离测量。		VZ: 90°10′20″ **17:35** HR: 120°30′40″ ∡: m ［平均］ 均值 传输 米/英 2 页↓

注：在均值模式下，按 退出 键，清除输入，返回先前模式。

4.4.9 放样测量

可显示测量水平距离和放样水平距离之差。

显示值 = 测量的平距 − 放样的平距。

操作方法见表 4-22。

表 4-22

操　作　过　程	键　操　作	显　　　　示
1. 在测距模式下按二次 F4 键进入第 3 页功能。 2. 按 F3 键，显示原有被放样数据。 3. 进入水平距放样输入模式，按▶或◀ 键右移或左移下一个要修改的数字。按底 行的对应的数字对闪烁的反白数字进行修 改，直至键入所需水平距放样值。 　　例：100.000m	F4 F4 F3 ▶ F1 F2	VZ:　　　90°10′20″　17:35 HR:　　　120°30′40″ ∠:　　　　　　　m [连续] 测量　斜距　信号　1页↓ 均值　传输　米/英 2页↓ 模式　专项　放样　3页↓ [输入水平放样值] ∠:　　0 000.000m 0123　4567　89 + －　　确定
4. 按 F4 （确定）键，返回测距模 式。	F4	[输入水平放样值] ∠:　　0 00.000m 0123　4567　89 + －　　确定
5. 按 F4 （翻页）键返回到第一页模 式。	F4	VZ:　　　90°10′20″ HR:　　　120°30′40″ △∠:　　　　　　m [平均] 模式　专项　放样　3页↓ 测量　斜距　信号　1页↓
6. 照准目标（棱镜）准备测量。 7. 按 F1 （测量）键，开始测量。 8. 每次显示测量的距离与放样的距离之 差（△∠）。	照准目标 F1	VZ:　　　90°10′20″　17:35 HR:　　　120°30′40″ △∠:*　　　0.15m [跟踪] 测量　斜距　信号　1页↓
9. 最后移动目标（棱镜）直到差数等于 0。 10. 按 退出 键可以退出测量。	移动目标 F4	VZ:　　　90°10′20″　17:35 HR:　　　120°30′40″ △∠:*　　　0.00m [跟踪] 测量　斜距　信号　1页↓

注: 设置放样距离为 0000.000 时，即可返回到正常测量的模式。

　　放样测量时，测距模式锁定为平距和跟踪模式。

4.4.10 专项测量模式

专项测量模式可选择悬高测量和对边测量两项。

4.4.10.1 悬高测量

为了测量不能放置反射棱镜的目标点的高度,只要能将棱镜设在目标点所在的垂线上的任意位置,就可以进行悬高测量,如图4-12所示。

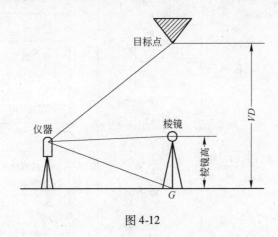

图 4-12

A 设置棱镜高的悬高测量方法

操作方法见表4-23。

表 4-23

操 作 过 程	键 操 作	显 示
1. 在测距模式下按二次 F4 键进入第 3 页功能。	F4 F4	VZ: 90°10′20″ 17:35 HR: 120°30′40″ ∠: m〔平均〕 测量 斜距 信号 1 页↓ 均值 传输 米/英 2 页↓ 模式 专项 放样 3 页↓
2. 按 F2 (专项)键,进入应用测量模式。	F2	
3. 在应用模式菜单下,按 F1 进入悬高测量。	F1	〔专项测量〕 F1:悬高测量 F2:对边测量 F3: 退出
4. 悬高测量有两种模式,选择 F1 (设置棱镜高)模式。	F1 设置棱镜高	〔悬高测量〕 F1:设置棱镜高 F2:不设置棱镜高 退出

操 作 过 程	键 操 作	显　　　示
5. 进入输入棱镜高模式，按▶或◀键右移或左移下一个要修改的数字。按底行的对应的数字对闪烁的反白数字进行修改，直至键入棱镜高值。 　　例：1.087m	F1 F2 ▶ ▶ F3 F1 ▶ F2 F4 F4 确定	［悬高测量］ 输入棱镜高：［**0**.000m］ 0123　4567　89 + −　确定 ［悬高测量］ 输入棱镜高：［1.08**7** m］ 0123　4567　89 + −　确定
6. 棱镜高度值输入完后，按下 F4 键进入悬高测量模式一，第一步操作。		［悬高测量 − 1］ 水平距离： ⊿：　　　　　　　　　m 测量　　　　退出 设置
7. 用望远镜照准棱镜，按下 F1 键，测量开始。	照准棱镜 F1 测量	［悬高测量 − 1］ 水平距离： ⊿：*　　〈〈〈〈〈　m 测量　　　　退出 设置
8. 测量完，显示出仪器到棱镜点的平距。确认后，按下 F4 键，进入第二步。	F4 设置	［悬高测量 − 1］ 水平距离： ⊿：　　　　30.235m 测量　　　　退出 设置
9. 转动望远镜，在目标点停住，仪器显示出目标点离地面的高度为 10.012m。	照准被测 目标	［悬高测量 − 1］ 垂直高度： ⊿：　　　　1.087m 　　　　　　　　退出
10. 按 F4 键可以退回测距模式。		［悬高测量 − 1］ 垂直高度： ⊿：　　　　10.012m 　　　　　　　　退出

注：设置悬高测量时，测距的模式为单次精测模式。

B 不设置棱镜高的悬高测量方法

操作方法见表4-24。

表 4-24

操 作 过 程	键 操 作	显 示
1. 在测距模式下按二次 F4 键进入第3页功能。	F4 F4	V : 90°10′20″ 17:35 HR: 120°30′40″ ⊿: m [平均] 测量 斜距 信号 1页↓
2. 按 F2 （专项）键，进入应用测量模式。	F2	均值 传输 米/英 2页↓ 模式 专项 放样 3页↓
3. 在应用模式菜单下，按 F1 键，进入悬高测量。	F1	[专项测量] F1：悬高测量 F2：对边测量 F3：--- 退出
4. 悬高测量有两种模式，选择 F2 （不设置棱镜高）进入悬高测量模式二操作。	F2	[悬高测量] F1：设置棱镜高 F2：不设置棱镜高 退出
5. 用望远镜照准棱镜，按下 F1 键，测量开始。	F1	[悬高测量-2] 水平距离： ⊿: m 测量 退出 设置
6. 测量完，显示出仪器到棱镜的平距。确认后，按下 F4 键，进入第二步操作。	F4	[悬高测量-2] 水平距离： ⊿: 30.235m 测量 退出 设置
		[悬高测量-2] 水平距离： ⊿: 30.235m 测量 退出 设置

操 作 过 程	键 操 作	显 示
7. 转动望远镜，照准被测的目标垂直线的地点（*G*）停住，仪器显示出地点的垂直角 *V*1。确认后，按下 F4 键，进入第三步操作。	F4	[悬高测量-2] 垂直角度-1 V:　　81°20′20″ 设置
8. 再转动望远镜，照准被测的目标点停住，仪器显示出目标点的垂直角 *V*2。确认后，按下 F4 键，得到悬高值。	F4	[悬高测量-2] 垂直角度-2 V:　　98°10′40″ 设置
9. 按 F4 键可以退回测距模式	F4	[悬高测量-2] 垂直角度 ⊿:　　10.012m 退出

4.4.10.2　对边测量

对边测量模式可以测量两个反射棱镜之间的水平距离、倾斜距离和高差，如图 4-13 所示。

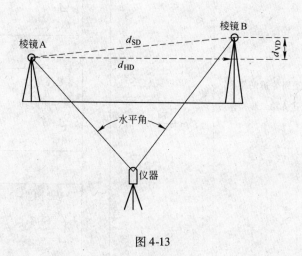

图 4-13

对边测量操作过程见表4-25。

表 4-25

操作过程	键操作	显示
1. 在测距模式下按二次 F4 键进入第3页功能。	F4 F4	VZ: 90°10′20″ **17:35** HR: 120°30′40″ ⊿: m ［平均］ 测量 斜距 信号 1页↓
2. 按 F2 （专项）键，进入专项测量模式。	F2	均值 传输 米/英 2页↓ 模式 专项 放样 3页↓
3. 在应用模式菜单下，按 F2 键，进入对边测量。	F2	［专项测量］ F1：悬高测量 F2：对边测量 F3：--- 退出
4. 对边测量第一步，仪器照准棱镜 A，按下 F1 键，开始测量。	F1	［对边测量］ 测量目标－1 ⊿： m 测量 退出 设置
5. 测量结果显示出仪器到棱镜 A 的平距。确认后，按下 F4 键，进入第二步操作。	F4	［对边测量］ 测量目标－1 ⊿： 13.768m 测量 退出 设置
6. 旋转仪器照准棱镜 B，按下 F1 键，开始测量第二点。	照准棱镜 B F1	［对边测量］ 测量目标－2 ⊿： m 测量 退出 设置
7. 结果显示出仪器到棱镜 B 的平距。确认后，按下 F4 键，观察对边测量结果。	F4	［对边测量］ 测量目标－2 ⊿： 28.478m 测量 退出 设置

续表 4-25

操　作　过　程	键　操　作	显　　　示
8. 结果显示出棱镜 A 到棱镜 B 的斜距 △ ∠、平距 △ ∠ 和高差 △ ∠。		△ ∠：　　33.785m △ ∠：　　33.554m △ ∠：　　3.944m 　　　　　　　　退出
9. 按 F4 键可以退回测距模式。	F4	VZ：　　90°10′20″　17:35 HR：　　120°30′40″ ∠：　　　　　m［平均］ 模式　专项　放样　3 页↓

4.4.11　数据传输

BTS 系列全站仪配有 RS-232C 串行通信口，通信接口位于仪器下侧面，通过通信电缆使全站仪与计算机或数据采集器相连接，可以将仪器的观测值传输至计算机或数据采集器。

操作方法：

连接好计算机或数据采集器通信电缆，在测距模式第二页下，按下 F2 键，则测量结果传输见图 4-14。

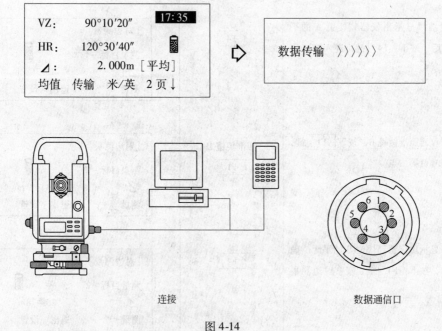

图 4-14

通信口信号脚：1—地线；2，5，6—空；3—数据输出口；4—数据输入口

4.5 坐标测量

4.5.1 测站点坐标的设置

设置测站点（仪器位置）相对于坐标原点的坐标后，仪器即可自动求出并显示未知点（棱镜点）相对于该坐标原点的坐标，如图4-15所示。关机后，测站点坐标值仍要保留。

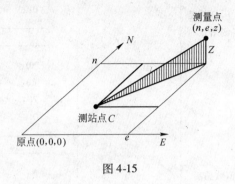

图 4-15

4.5.1.1 直接修改测站点坐标

操作方法见表4-26。

表 4-26

操 作 过 程	键 操 作	显 示
1. 在测角模式下，按 坐标 键，进入坐标测量模式。	坐标	VZ: 90°10′20″ 17:35 HR: 120°30′40″ 置零 锁定 置盘 1页↓
2. 按下 F4 键进入坐标测量第二页。	F4	N: m 17:35 E: m Z: m［平均］ 测量 模式 信号 1页↓ 高程 坐标 方位角 2页↓
3. 按 F2 （坐标）键，进入设置测站点坐标模式。	F2 坐标	
4. 按 F1 键进入直接设置测站点坐标模式。	F1	［设置测站点坐标］ F1：直接修改 F2：调用记录点 F3：调用坐标库 退出

续表 4-26

操 作 过 程	键 操 作	显　　示
5. 输入测站点的坐标 N_0、E_0 和 Z_0 坐标值，按▶或◀键右移或左移下一个要修改的数字。按底行的对应的数字对闪烁的反白数字进行修改，直至键入所需测站点的坐标值。 　例：$N_0 = -61.456$m 　　　$E_0 = 45.567$m 　　　$Z_0 = 68.912$m		N0:　■00000.000m E0:　+00000.000m Z0:　+00000.000m 0123　4567　89 + -　确定 N0:　-00061.456m E0:　+00045.567m Z0:　+00068.91■m 0123　4567　89 + -　确定
6. 输入 N_0、E_0 和 Z_0 的坐标值数据后，按 F4 键，记录并返回坐标测量模式。	F4	N:　　　　　　m E:　　　　　　m Z:　　　　　　m［平均］ 高程　坐标　方位角 2 页↓

注：输入范围 -99999.999 ≤ N_0、E_0、Z_0 ≤ +99999.999m。

4.5.1.2　调用记录点坐标

操作方法见表 4-27。

表 4-27

操 作 过 程	键 操 作	显　　示
1. 在测角模式下，按 坐标 键，进入坐标测量模式。	坐标	VZ:　　90°10′20″ 17:35 HR:　　120°30′40″ 置零　锁定　置盘 1 页↓
2. 按下 F4 键进入坐标测量第二页。	F4	N:　　　　　　m 17:35 E:　　　　　　m Z:　　　　　　m［平均］ 测量　模式　信号 1 页↓ 高程　坐标　方位角 2 页↓
3. 按 F2 （坐标）键，进入设置测站点坐标模式。	F2 坐标	［设置测站点坐标］ F1：直接修改 F2：调用记录点 F3：调用坐标库　　退出
4. 按 F2 键进入调用测站点坐标模式。	F2	

续表4-27

操 作 过 程	键 操 作	显　　示
5. 输入要调用的记录点号，按▶或◀键右移或左移下一个要修改的数字。按底行的对应数字对闪烁的反白数字进行修改，直至键入所需测站点的点号。 例：0002		请输入记录点号： 　000**2** 0123　4567　89 + －　确定
6. 按　F4　确定键进入显示记录点"点号，0002"坐标数据模式。		点号：0002 N：　－000123.456m E：　＋000234.567m Z：　－000000.066m
7. 按 确定 键，记录并返回坐标测量模式。	确定	N：　　　　　　m E：　　　　　　m Z：　　　　　　m［平均］ 高程　坐标　方位角　2 页↓

4.5.1.3　调用坐标库坐标

操作方法见表4-28。

表 4-28

操 作 过 程	键 操 作	显　　示
1. 在测角模式下，按 坐标 键，进入坐标测量模式。	坐标	VZ　　　90°10′20″　17:35 HR：　　120°30′40″ 置零　锁定　置盘　1 页↓
2. 按下　F4　键进入坐标测量第二页。 3. 按　F2　（坐标）键，进入设置测站点坐标模式。	F4 F2 坐标	N：　　　　　　m　17:35 E：　　　　　　m Z：　　　　　　m［平均］ 测量　模式　信号　1 页↓ 高程　坐标　方位角　2 页↓
4. 按　F3　键进入调用坐标库坐标模式。	F3 调用坐标库	［设置测站点坐标］ F1：直接修改 F2：调用记录点 F3：调用坐标库　　　　退出

续表 4-28

操 作 过 程	键 操 作	显　　　示
5. 输入要调用的坐标名，按▶或◀键右移或左移下一个要修改的数字。按底行的对应的数字对闪烁的反白数字进行修改，直至键入所需测站点的点号。 　例：AA01		请输入坐标名： 　AA01 0123　4567　89 + －　确定
6. 按 ⟦F4⟧ 确定键进入显示坐标为"AA01"坐标数据模式。	⟦F4⟧ 确定	坐标名：AA01〈序 0001〉 N：　　－000123. 456m E：　　＋000234. 567m Z：　　－000000. 066m
7. 按⟦确定⟧键，记录并返回坐标测量模式。	⟦确定⟧	N：　　　　　　　　m E：　　　　　　　　m Z：　　　　　　　　m ［平均］ 高程　坐标　方位角　2 页↓

4.5.2　坐标方位角的设置

坐标测量前应先设置坐标方位角，以便正确地得到 N（北）向坐标的角度。方位角的设置是根据测站点和定向点（后视点）的相对位置得到的，如图 4-16 所示。方位角的设置可按以下两种方法输入：

（1）输入后视点的坐标，计算方位角。

（2）直接输入方位角。

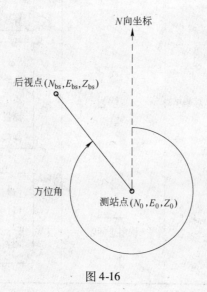

图 4-16

4.5.2.1　输入后视点的坐标

A　直接修改后视点坐标

操作方法见表4-29。

表 4-29

操　作　过　程	键　操　作	显　　　　示
1. 在测角模式下，按 坐标 键，进入坐标测量模式。	坐标	VZ:　　　90°10′20″　17:35 HR:　　　120°30′40″ 置零　锁定　置盘　1页↓
2. 按下 F4 键进入坐标测量第二页。 3. 按 F3 键，进入设置方位角模式。	F4 1页↓ F3 方位角	N:　　　　　　m　17:35 E:　　　　　　m Z:　　　　　　m［平均］ 测量　模式　信号　1页↓ 高程　坐标　方位角　2页↓
4. 按 F2 键，进入设置后视点坐标模式。	F2 设置后 视点坐标	［设置方位角］ F1: 直接输入方位角 F2: 设置后视点坐标 　　　　　　　　退出
5. 按 F1 键进入后视点坐标设置模式。	F1	［设置后视点坐标］ F1: 直接修改 F2: 调用记录点 F3: 调用坐标库　　退出
6. 输入后视点的坐标 N_{bs}、E_{bs} 和 Z_{bs} 坐标值，按▶或◀键右移或左移下一个要修改的数字。按底行的对应的数字对闪烁的反白数字进行修改，直至键入所需测站点的坐标值。 　例: $N_{bs}=123.345\text{m}$ 　　　$E_{bs}=67.789\text{m}$	瞄准后 视点 F4 确定	［照准后视点输入坐标］ Nbs:　　+00123.345m Ebs:　　+00067.789 m 0123　4567　89 + −　确定 ［显示方位角］ HR:　　　28°47′33″ 　　　　　　　　退出
7. 输入 N_{bs}、E_{bs} 的坐标值数据后，瞄准后视点目标，按 F4 键，仪器自动计算出方位角，记录并显示。再按 F4 键，返回坐标测量模式。	F4 退出	N:　　　　　　m　17:35 E:　　　　　　m Z:　　　　　　m［平均］ 高程　坐标　方位角　2页↓

B　调用后视点坐标

操作方法见表4-30。

表 **4-30**

操 作 过 程	键 操 作	显　　示
1. 在测角模式下，按 坐标 键，进入坐标测量模式。	坐标	VZ：　　90°10′20″　17:35 HR：　　120°30′40″ 置零　锁定　置盘　1 页↓
2. 按下 F4 键进入坐标测量第二页。 3. 按 F3 键，进入设置方位角模式。	F4 1 页↓ F3 方位角	N：　　　　　　　m　17:35 E：　　　　　　　m Z：　　　　　　　m［平均］ 测量　模式　信号　1 页↓ 高程　坐标　方位角　2 页↓
4. 按 F2 键，进入设置后视点坐标模式。	F2 设置后视点坐标	［设置方位角］ F1：直接输入方位角 F2：设置后视点坐标 　　　　　　　　　退出
5. 按 F2 键进入调用后视点记录点模式。	F2 调用记录点	［设置后视点坐标］ F1：直接修改 F2：调用记录点 F3：调用坐标库　　退出
6. 输入要调用的记录点号,按▶键或◀键右移或左移下一个要修改的数字。按底行的对应的数字对闪烁的反白数字进行修改，直至键入所需测站点的坐标名。按 F4 确定键显示调用的坐标数据。 　例：0002	F4 确定	请输入记录点号： 　　000 2 0123　4567　89 + -　确定
7. 瞄准后视点目标，按 确定 键，仪器自动计算出方位角，记录并显示。再按 F4 键，返回坐标测量模式。	瞄准后 视点 确定 F4 退出	点号：0002 N：　-000123. 456m E：　+000234. 567m Z：　-000000. 066m ［显示方位角］ HR：　　28°47′33″ 　　　　　　　　　退出

C 调用后视点坐标库坐标

操作方法见表4-31。

表4-31

操 作 过 程	键 操 作	显 示
1. 在测角模式下,按 坐标 键,进入坐标测量模式。	坐标	VZ: 90°10′20″ 17:35 HR: 120°30′40″ 置零 锁定 置盘 1页↓
2. 按下 F4 键进入坐标测量第二页。 3. 按 F3 键,进入设置方位角模式。	F4 1 页↓	N: m 17:35 E: m Z: m〔平均〕 测量 模式 信号 1页↓ 高程 坐标 方位角 2页↓
4. 按 F2 键,进入设置后视点坐标模式。	F2 设置后视点坐标	〔设置方位角〕 F1:直接输入方位角 F2:设置后视点坐标 退出
5. 按 F3 键进入调用坐标库模式。	F3 调用坐标库	〔设置后视点坐标〕 F1:直接修改 F2:调用记录点 F3:调用坐标库 退出
6. 输入要调用的坐标名,按▶或◀键右移或左移下一个要修改的数字。按底行的对应的数字对闪烁的反白数字进行修改,直至键入所需测站点的坐标名。按 F4 确定键显示已调用的坐标数据。 例:AA02	F4 确定	请输入坐标名: AA0 2 0123 4567 89 + − 确定
7. 瞄准后视点目标,按 确定 键,仪器自动计算出方位角,记录并显示。再按 F4 键,返回坐标测量模式。	瞄准后 视点 确定 F4 退出	点号:AA02〈序0002〉 N: −000123.456m E: +000234.567m Z: −000000.066m 〔显示方位角〕 HR: 28°47′33″ 退出

4.5.2.2　直接输入后视点的方位角

操作方法见表4-32。

表 4-32

操　作　过　程	键　操　作	显　　　示
1. 在测角模式下,按 坐标 键,进入坐标测量模式。	坐标	VZ:　　90°10′20″　17:35 HR:　　120°30′40″ 置零　锁定　置盘　1页↓
2. 按下 F4 键,进入坐标测量第二页。 3. 按 F3 键,进入方位角设置模式。	F4 1页↓ F3 方位角	N:　　　　　m　17:35 E:　　　　　m Z:　　　　　m［平均］ 测量　模式　信号　1页↓ 高程　坐标　方位角　2页↓
4. 按 F1 键,进入直接输入后视点方位角模式。	F1 直接输入 方位角	［设置方位角］ F1:　直接输入方位角 F2:　设置后视点坐标 　　　　　　　退出
5. 输入后视点的方位角 HR 值,按▶或◀键右移或左移下一个要修改的数字。按底行的对应的数字对闪烁的反白数字进行修改,直至键入所需测站点的方位角值。 　　例:HR = 123°00′00″	瞄准目标 F4 确定	［照准目标输入方位角］ HR:　　0 00°00′00″ 0123　4567　89 + -　确定 ［照准目标输入方位角］ HR:　　123°0 0′00″ 0123　4567　89 + -　确定
6. 输入 HR 方位角值数据后,瞄准后视点目标,按 F4 退出键,仪器记录并显示方位角,再按 F4 键,返回坐标测量模式。	F4 退出	［显示方位角］ HR:　　123°00′00″ 　　　　　　　退出 N:　　　　　m　17:35 E:　　　　　m Z:　　　　　m［平均］ 高程　坐标　方位角　2页↓

4.5.3 仪器高和目标高的设置

在此模式下输入的仪器高和目标(棱镜)高,用于测定 Z 坐标值,此数值关机后将被保留。

例:目标高和仪器高的设置,操作方法见表4-33。

表 4-33

操 作 过 程	键 操 作	显 示
1. 在坐标测量模式下按 F4 键进入第2页功能。	F4	N: m 17:35 E: m Z: m [平均] 测量 模式 信号 1页↓ 高程 坐标 方位角 2页↓
2. 按 F1 (高程)键进入设置高程模式。按▶或◀键右移或左移下一个要修改的数字,按底行的对应的数字对闪烁的反白数字进行修改,直至键入所需值。 例:棱镜高为1.051 仪器高为1.087	F1 高程	[设置高程] 棱镜高: [0.000m] 仪器高: [0.000m] 0123 4567 89 + − 确定 [设置高程] 棱镜高: [1.051m] 仪器高: [1.087m] 0123 4567 89 + − 确定
3. 输入棱镜高、仪器高完毕,按 F4 键返回坐标测量模式。	F4 确定	N: m 17:35 E: m Z: m [平均] 高程 坐标 方位角 2页↓

4.5.4 坐标测量的操作

进行坐标测量时应先设置测站点坐标、输入仪器高和棱镜高,设置定向点的方位角,由此即可直接测定未知点的坐标值,如图4-17所示。未知点坐标的计算和显示过程如下:

测站点坐标:(N_0, E_0, Z_0);棱镜高:$R.HT$;仪器高:$INS.HT$;

定向点方位角:α;定向点和目标点的水平夹角:β;

仪器中心至棱镜中心的坐标差 n, e, z 由以下公式得出:

$$n = HD \times \cos(\alpha + \beta) \quad e = HD \times \sin(\alpha + \beta) \quad z = VD$$

未知点坐标 N, E, Z 由以下公式得出:

$$N = N_0 + n \qquad\qquad E = E_0 + e$$
$$Z = Z_0 + z + INS.\ HT - R.\ HT$$

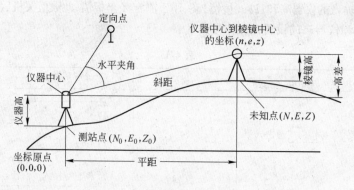

图 4-17

4.5.4.1　坐标测量操作

测量前，已设置测站点坐标，设置定向点 A 的方位角为 120°，仪器和目标的高程已经输入。测量未知点 B 的坐标值。

确认仪器处于坐标测量模式，操作方法见表 4-34。

表 4-34

操 作 过 程	键 操 作	显 示
1. 按 坐标 键，进入坐标测量模式。	坐标	N:　　　　　　m　17:35 E:　　　　　　m Z:　　　　　　m ［单次］ 测量　模式　信号　1 页↓
2. 重复 4.5.2 节和 4.5.3 节的操作，得到定向点 A 的方位角 120°00′00″ 棱镜高为：1.051 仪器高为：1.087		
3. 按 F1 （测量）键，进行测量，显示测量结果。	F1	N:　－123.456m　17:35 E:　－34.567m Z:* 　78.912m ［单次］ 测量　模式　信号　1 页↓

4.5.4.2　坐标放样（S.O）测量

本模式测量可显示测量值与坐标放样点的距离值之差。

本模式测量前，应先设置测站站点坐标，设置定向点方位角。

（1）直接输入放样坐标（在此不细讲，详情请参照 4.5.1.1 节直接修改测站点坐标）。

（2）调用坐标为放样坐标值。

操作方法见表4-35。

表 4-35

操 作 过 程	键 操 作	显　　示
1. 在坐标模式第 2 页下，重复 4.5.2 节和 4.5.3 节的操作，得到定向点 A 的方位角：120°00′0″。		N:　　　　　　　 m　　17:35 E:　　　　　　　 m Z:　　　　　　　 m ［连续］ 测量　模式　信号　1 页↓
2. 在坐标模式第 3 页下按 F2 键，进入放样坐标点输入模式。	F2 放样	高程　坐标　方位角　2 页↓ 均值　放样　米/英　3 页↓
3. 按 F2 键进入直接输入放样坐标值模式。	F2 调用坐标库	［设置放样坐标］ F1：直接输入 F2：调用坐标库 　　　　　　　　　退出
4. 输入要调用的坐标名，按▶或◀键右移或左移下一个要修改的数字，按底行的对应的数字对闪烁的反白数字进行修改，直至键入所需坐标名。按 F4 确定键显示已调用的坐标值。 例：AA02	F4 确定	请输入坐标名 　　AA0 2 0123　4567　89 + －　确定
		坐标名：　　AA02　〈序 0002〉 N:　　+000004.567m E:　　+000006.789m Z:　　+000006.543m
5. 按 确定 键，进入测量坐标放样点模式。	确定	HR:　　136°38′30″ △ ∠:　　　128.20m ∠:　　　　　　 m ［跟踪］ 测量　模式　停止　退出
6. 水平旋转望远镜，使当前水平角为 0（即使定向点与放样点角度差为 0），这时候锁定照准放样点的方向，并设置目标点大约 128m 处。	旋转望远镜使水平角为 0	HR:　　0°00′00″ △ ∠:　　　128.20m ∠:　　　　　　 m ［跟踪］ 测量　模式　停止　退出

续表 4-35

操 作 过 程	键 操 作	显 示
7. 瞄准放样目标按 F1 （测量）键，进行放样测量。	瞄准 F1 测量	HR： 0°00′00″ △ ⊿： 0.60m ⊿：* 127.60m ［跟踪］ 测量 模式 停止 退出
8. 使目标沿着放样点的方向移动，不断测量使差值：△ ⊿ =0.00m 这时，目标点和放样点重合。	移动目标	HR： 0°00′00″ △ ⊿： 0.00m ⊿：* 128.20m ［跟踪］ 测量 模式 停止 退出
9. 按 F4 （退出）键返回坐标测量模式	F4 退出	N： m E： m Z： m ［连续］ 均值 放样 米/英 3页↓

注：放样测量时，可以通过 F2 （模式）键选择连续精测或连续跟踪测量模式。也可以通过 F3 （停止）键暂停测量，以便调整目标点。

4.6 菜单模式

按 菜单 键，仪器就进入目录模式，在此模式下，可以进行测量模式设置和常数输入工作。仪器关机后，除照明功能外，设置的信息将继续保留。

目录模式功能见表4-36。

表 4-36

页 数	软 键	显示符号	功 能
1	F1	数据采集	将测量数据储存在仪器内存中
	F2	存储管理	对仪器内存的数据进行管理、保存、输出等操作
	F4	1 页↓	显示第 2 页软键功能
2	F1	日历和时钟	设置和校正仪器时钟
	F2	自动关机设置	设置非操作定时关机
	F4	2 页↓	显示第 3 页软键功能
3	F1	模式设置	设置仪器的模式和常数值
	F2	误差校正	校正设置仪器测量误差参数
	F4	3 页↓	显示下一页（第 1 页）软键功能

4.6.1 数据采集

BTS-22、BTS-52 可将测量的数据存储在仪器的内存中。该内存用于测量数据和坐标值数据的存储。本仪器存储器不需由电池供电保护，除非进行覆盖或初始化工作，数据一般不会丢失。

（1）测量数据：被采集的数据存放在 MEAS. DAT 区域中。

数据采集以文件形式存储，一个文件存储一个测站点的数据，每个文件包含测站点坐标数据信息。一个文件记录一个测点。

（2）数据存储量（BTS-22、BTS-52）：按测量点计（一次测量，记录一个观测点），本仪器可记录 3072 点。

测量数据存储在仪器的内存中，在存储管理模式下，可以检查存储数据点数、剩余内存空间；可以查阅已记录的数据；可以进行数据通信处理、设置通信参数；可以对内存、坐标库进行初始化；可以对坐标库进行编辑等工作。

4.6.1.1 数据采集操作框图

数据采集操作框图见图 4-18。

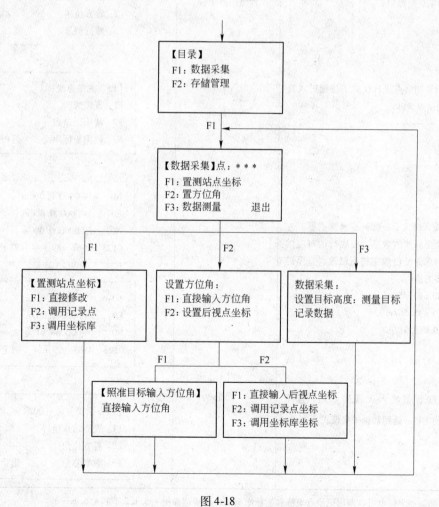

图 4-18

4.6.1.2　做一个数据采集记录

进行数据采集前，必须确定测站点的坐标数据，确定测站点的坐标方位角，确定仪器高程和目标高程。

A　设置测站点坐标

操作方法见表4-37。

表 4-37

操 作 过 程	键 操 作	显　　示
1. 按 菜单 键，进入主目录模式第一页。 2. 按下 F1 键进入数据采集的选择项模式。	菜单 F1 数据采集	【目录】 F1：数据采集 F2：存储管理 　　　　　　　　　1页↓
3. 在数据采集模式下，按 F1 键，进入设置测站点坐标模式。	F1 置测站点坐标	【数据采集】点：0029 F1：置测站点坐标 F2：置方位角 F3：数据测量　　　退出
4. 在设置测站点坐标模式下按键进入直接修改测站点坐标。	F1 直接修改	【设置测站点坐标】 F1：直接修改 F2：调用记录点 F3：调用坐标库　　　退出
5. 在输入模式下，按▶或◀键右移或左移下一个要修改的数字。按底行的对应的数字对闪烁的反白数字进行修改，直至键入所需要的值。 例：N0 =61.456m 　　E0 =45.567m 　　Z0 =68.912m		N0：　-000000.000m E0：　+000000.000m N0：　+000000.000m 0123　4567　89 + -　确定 N0：　-000061.456m E0：　+000045.567m N0：　+000068.91**2** m 0123　4567　89 + -　确定
6. 若坐标值输入无误确认后，按下 F4 确定键，返回数据采集模式。	F4 确定	【数据采集】点：0029 F1：置测站点坐标 F2：置方位角 F3：数据测量　　　退出

注：测站点坐标也可以调用记录点坐标和坐标库坐标，详情请参见4.5.1.2节和4.5.1.3节。

B　确定坐标方位角（直接输入方位角）

操作方法见表4-38。

表 4-38

操 作 过 程	键 操 作	显　　　示
1. 在数据采集选项模式中，按下 F2 键进入设置方位角模式。	F2 置方位角	【数据采集】点：0029 F1：置测站点坐标 F2：置方位角 F3：数据测量　　　退出
2. 按下 F1 键直接输入方位角。	F1 直接输入 方位角	【设置方位角】 F1：直接输入方位角 F2：设置后视点坐标 　　　　　　　退出
3. 用望远镜照准参考点，按▶或◀键右移或左移下一个要修改的数字。按底行的对应的字母或数字对闪烁的反白数字进行修改，键入所需要的方位角值。 例：120°00′00″		【瞄准目标输入方位角】 HR：　**0** 00°00′00″ 0123　4567　89 + −　确定
4. 输入无误，按 F4 确定键，记入，程序返回数据采集模式。	F4 确定	【瞄准目标输入方位角】 HR：　**1** 20°00′00″ 0123　4567　89 + −　确定
		【数据采集】点：0029 F1：置测站点坐标 F2：置方位角 F3：数据测量　　　退出

C 确定坐标方位角（设置后视点坐标）

操作方法见表4-39。

表 4-39

操 作 过 程	键 操 作	显 示
1. 在数据采集选项模式中，按下 F2 键进入设置方位角模式。	F2 置方位角	【数据采集】点：0029 F1：置测站点坐标 F2：置方位角 F3：数据测量 退出
2. 在设置方位角模式下按下 F2 键。进入设置后视点坐标模式。	F2 设置后视点 坐标	【设置方位角】 F1：直接输入方位角 F2：设置后视点坐标 退出
3. 在设置后视点坐标模式下按 F1 键进入直接设置后视点坐标。	F1 直接修改	【设置后视点坐标】 F1：直接修改 F2：调用记录点 F3：调用坐标库 退出
		【照准后视点输入坐标】 Nbs： ▬ 000000．000m Ebs： ＋000000．000m 0123 4567 89 ＋ － 确定
4. 按▶或◀键右移或左移下一个要修改的数字。按底行的对应的字母或数字对闪烁的反白数字进行修改，键入所需要的坐标值。 例：Nbs：123．567m Ebs：321．564m		【照准后视点输入坐标】 Nbs： ▬ 000123．0567m Ebs： ＋000321．654m 0123 4567 89 ＋ － 确定
5. 输入无误，按 F4 确定键记入，程序返回数据采集模式。	F4 确定	【数据采集】点：0029 F1：置测站点坐标 F2：置方位角 F3：数据测量 退出

注：后视点坐标也可以调用记录点坐标和坐标库坐标，详情请参见4.5.1.2节和4.5.1.3节。

D　数据采集的操作步骤

当确定了测站点坐标、仪器方位角。将仪器在测站点上安置好，目标棱镜放在被测点上。设置高程，可以进行数据采集工作了。

a　测量显示为角度和斜距模式

操作方法见表4-40。

表4-40

操作过程	键操作	显示
1. 在数据采集选项模式中，按 F3 键进行数据采集操作。	F3 数据测量	【数据采集】点：0029 F1：置测站点坐标 F2：置方位角 F3：数据测量　　　退出
2. 程序进入测量前的准备，将仪器和棱镜安置好，并输入仪器高和棱镜高值。按 ▶ 或 ◀ 键右移或左移下一个要修改的数字。按底行的对应的字母或数字对闪烁的反白数字进行修改，键入所需要的棱镜和仪器高程。 例：棱镜高：1.051m 　　仪器高：1.087m		【设置高程】 棱镜高：　[0.000m] 仪器高：　[0.000m] 0123　4567　89 + −　确定 【设置高程】 棱镜高：　[1.05 1 m] 仪器高：　[1.087m] 0123　4567　89 + −　确定
3. 输入无误，按 F4 确定键，记入，程序转入数据测量模式。	F4 确定	VZ：　　90°10′20″ HR：　　120°30′40″ ∠：　　　　　　　　m 测量　模式　退出　记录
4. 照准棱镜按下 F1 键，测量开始。按 F2 键可以选择显示为角度距离模式或坐标模式。	照准 F1 测量	VZ：　　89°15′35″ HR：　　77°36′41″ ∠：*　〈〈〈〈 m 测量　模式　退出　记录
5. 得到测量数据后，若想保留此组数据，则按下 F4 键，将数据进行存储。	F4 记录	VZ：　　89°15′35″ HR：　　77°36′41″ ∠：*　　　123.567m 测量　模式　退出　记录 数据已记录 　　测下一目标否？ 　　　　　　是　　否
6. 数据存储完成后，程序提示是否继续采集测量下一组数据，按下 F3 键，程序转向第1步，再一次作数据采集测量。若按下 F4 键，则退回到目录模式。	F4 否	【目录】 F1：数据采集 F2：存储管理 　　　　　　　　1页↓

b　测量显示为坐标模式

操作方法见表4-41。

表4-41

操 作 过 程	键 操 作	显　　示
1. 在设置仪器和棱镜高度后，程序转入测量模式，按下 F2 键进入显示坐标测量操作。	F2 模式	VZ:　　90°10′20″ HR:　　120°30′40″ ⊿:　　　　　　　m 测量　模式　退出　记录
2. 数据采集测量前，将仪器安平在测站点上，瞄准好目标，确认后按下 F1 键。	瞄准目标 F1 测量	N:　　　　　　m E:　　　　　　m Z:*　〈〈〈〈〈 m 测量　模式　停止　记录
3. 测量开始，得到坐标数据，若想保留此组数据，则按下 F4 记录键，将数据进行存储。	F4 记录	N:　　123.456m E:　　 35.289m Z:　　 −1.223m 测量　模式　退出　记录
4. 数据存储完成后，程序提示是否继续采集测量下一组数据，按下 F3 键，程序转向第1步，再一次作数据采集测量。若按下 F4 键，则退回到目录模式。	F4 否	数据已记录 　　测下一目标否? 　　　　　　　　是　　否 【目录】 F1: 数据采集 F2: 存储管理 　　　　　　　　1页↓

4.6.2　存储管理模式

在存储管理模式下，可以检查存储数据个数、剩余内存空间；可以查阅已记录的数据；可以进行数据通信处理、设置通信参数；可以对内存进行初始化等工作。

4.6.2.1　存储管理模式框图

存储管理模式框图见图4-19。

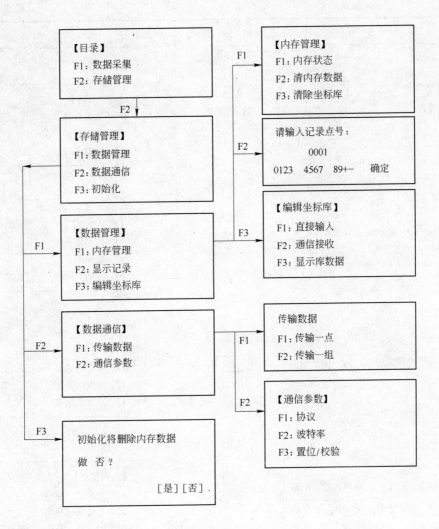

图 4-19

4.6.2.2 显示内存状态

A 检查内存状态

操作方法见表 4-42。

表 4-42

操 作 过 程	键 操 作	显 示
1. 在主目录第一页，按下 F2 键进入存储管理模式。	F2 存储管理	【目录】 F1：数据采集 F2：存储管理 1页↓

续表 4-42

操 作 过 程	键 操 作	显　　　示
2. 在存储管理模式按下 F1 键，进入数据管理模式。	F1 数据管理	【存储管理】 F1：数据管理 F2：数据通信 F3：初始化　　　退出
3. 按 F1 键，程序转入内存管理模式。	F1 内存管理	【数据管理】 F1：内存管理 F2：显示记录 F3：编辑坐标库　　退出
4. 在内存管理模式下按 F1 键显示内存状态。	F1 内存状态	【内存管理】 F1：内存状态 F2：清内存数据 F3：清除坐标库　　退出
5. 内存状态显示了：记录测点数、记录坐标点数据、剩余空间。按 退出 键可返回数据管理模式。	退出	【内存状态】 记录测点：　　0006 记录坐标点：0002 剩余记录点：3064　　退出 【数据管理】 F1：内存管理 F2：显示记录 F3：编辑坐标库　　退出

　B　清内存数据

　　在内存管理模式下选择清内存数据项，按仪器提示完成操作（本节只清除内存中记录测点的数据内容）。

　C　清除坐标库

　　在内存管理模式下选择清除坐标库项，按仪器提示完成操作（本节只清除内存中记录坐标点的数据内容）。

4.6.2.3 查阅测量数据

此模式用于查看数据采集的记录内容。

操作方法见表4-43。

表 4-43

操 作 过 程	键 操 作	显 示
1. 在存储管理模式按下 F1 键，进入数据管理模式。	F1 数据管理	【存储管理】 F1：数据管理 F2：数据通信 F3：初始化 　　　　退出
2. 在数据管理模式下，按 F2 显示记录键进入显示记录的操作。	F2 显示记录	【数据管理】 F1：内存管理 F2：显示记录 F3：编辑坐标库 　　退出
3. 按▶或◀键右移或左移下一个要修改的数字。按底行的对应的数字对闪烁的反白数字进行修改，键入所需要的记录点： 　例：0005 点		请输入记录点号： 　　0 001 0123　4567　89 + -　确定
4. 按 F4 键，显示 0005 点号的数据记录。按▲或▼键可以顺序显示测点号的内容，按 退出 键可返回目录模式。	F4 确定	请输入记录点号： 　　0 005 0123　4567　89 + -　确定
	退出	点号：0005 N：　　+000519.167m E：　　+000050.002m Z：　　+000009.991m

4.6.2.4 编辑坐标库

A   直接输入坐标数据

操作方法见表4-44。

表 4-44

操 作 过 程	键 操 作	显　　示
1. 在编辑坐标库模式下，按下 F1 键，进入直接设置坐标模式。	F1 直接输入	【编辑坐标库】 F1：直接输入 F2：通信接收 F3：显示库数据　　退出
2. 按▶或◀键右移或左移下一个要修改的数字。按底行的对应的数字对闪烁的反白数字进行修改，键入所要新建的坐标名按 确定 键进入修改模式。 例：AA01	确定	请输入坐标名　〈0005〉 　　　AA01 0123　4567　89 + - 1 页↓
3. 输入所需坐标值。 例：N：+000519.167m 　　E：+000050.002m 　　Z：+000009.991m		N：　　+000519.167m E：　　+000050.002m Z：　　+000009.991m 0123　4567　89 + -　确定
4. 输入完毕按 F4 确定键存储并返回编辑坐标库模式。	F4 确定	【编辑坐标库】 F1：直接输入 F2：通信接收 F3：显示库数据　　退出

注：如输入的坐标名与坐标库文件名相同，仪器会提示是否替换；如需更改坐标库文件内容此节可以实现。

B   接收数据（从计算机接收一个或一组数据）

操作方法见表4-45。

表 4-45

操 作 过 程	键 操 作	显　　示
1. 在编辑坐标库模式下，按下 F2 键，进入通信接收状态。	F2 通信接收	【编辑坐标库】 F1：直接输入 F2：通信接收 F3：显示库数据　　退出
2. 此时先按 F1 接收键，然后从计算机上发送数据，仪器接收完毕会发出嘟嘟声提示，接收的文件会自动存在坐标库内。如不接收其他数据按退出键返回编辑坐标库模式。	F1 接收	【接收数据】 接收　　　　　　退出

C 显示坐标库数据

操作方法见表4-46。

表 4-46

操 作 过 程	键 操 作	显 示
1. 在编辑坐标库模式下，按下 F1 键，进入显示库数据模式。	F1 显示库 数据	【编辑坐标库】 F1：直接输入 F2：通信接收 F3：显示库数据　　退出
2. 按▶或◀键右移或左移下一个要修改的数字。按底行的对应的数字对闪烁的反白数字进行修改，键入所要显示的坐标名。 　例：AA01		请输入坐标名　〈0005〉 　AA0▮ 0123　4567　89 + − 1页↓
3. 坐标名输入完毕按 确定 键显示要查看的文件的内容。此时按上下光标键可依次显示其他坐标文件的内容。	确定	坐标名：AA01　〈序0002〉 N：　+000004.567m E：　+000006.789m Z：　+000006.543m
4. 如不查看其他文件按 退出 键返回编辑坐标库模式。	退出	【编辑坐标库】 F1：直接输入 F2：通信接收 F3：显示库数据　　退出

4.6.2.5 数据通信

A 数据通信模式可以将内存中的数据文件传送到计算机。

a 发送数据：传输一个数据

操作方法见表4-47。

表 4-47

操　作　过　程	键　操　作	显　　　示
1. 在主目录第一页，按下 F2 键进入存储管理模式。	F2 存储管理	【目录】 F1：数据采集 F2：存储管理 　　　　　　　1 页↓
2. 在存储管理模式下，按下 F2 键，进入数据通信模式。	F2 数据通信	【存储管理】 F1：数据管理 F2：数据通信 F3：初始化　　　退出
3. 在数据通信模式下，按 F1 键，程序转入传输数据模式。	F1 传输数据	【数据通信】 F1：传输数据 F2：通信参数 　　　　　　　退出
4. 按 F1 键，选择传输一点。	F1 传输一点	【传输数据】 F1：传输一点 F2：传输一组
5. 传输数据前，应先确定数据记录点号。按▶或◀键右移或左移下一个要修改的数字。按底行的对应的数字对闪烁的反白数字进行修改，键入所需要的数字。 例：0005	输入点号	【传输一点】 点号：　　0 001 0123　4567　89 + －　确定
6. 点号输入完，确认无误，按下 F4 程序进入传输数据模式。外部计算机准备好，按下 F1 键执行数据发送。	F4 确定 F1 传输	【输入记录点号】 点号：　　0 005 0123　4567　89 + －　确定
7. 发送完毕，按下 F4 键，程序返回数据通信模式。	F4 退出	【传输数据】 点号：　　0005 　　　》》》》》 传输　　　　　　　退出

b 发送数据：传输一组数据记录点名

操作方法见表4-48。

表 4-48

操 作 过 程	键 操 作	显 示
1. 在主目录第一页，按下 F2 键进入存储管理模式。	F2 存储管理	【目录】 F1：数据采集 F2：存储管理 1页↓
2. 在存储管理模式下，按下 F2 键，进入数据通信模式。	F2 数据通信	【存储管理】 F1：数据管理 F2：数据通信 F3：初始化　　退出
3. 在数据通信模式下，按 F1 键，程序转入传输数据模式。	F1 传输数据	【数据通信】 F1：传输数据 F2：通信参数 退出
4. 按 F2 键，选择传输一组。	F2 传输一组	【传输数据】 F1：传输一点 F2：传输一组
5. 传输数据前，应先确定数据记录点号。按▶或◀键右移或左移下一个要修改的数字。按底行的对应的数字对闪烁的反白数字进行修改，键入所需要的数字。 例：0001—0005	输入点号	【传输一组】 点号：　0001—0001 0123　4567　89＋－　确定
6. 点号输入完，确认无误，按下 确定 键，程序进入传输数据模式。外部计算机准备好，按下 F1 键执行数据发送。	F4 确定 F1 传输	【传输一组】 点号：　0001—0005 0123　4567　89＋－　确定
7. 发送完毕，按下 F4 键，程序返回数据通信模式。	F4 退出	【传输数据】 点号：　0001—0005 〉〉〉〉〉〉 传输　　　　退出

B　通信参数

数据通信模式可以按需要设置不同的参数和计算机通信连接。

参数项目见表4-49。

表 4-49

项　目	可选参数	内　　容
F1：协议	单向/双向	设置联络方式 单向联络方式，双向联络方式
F2：波特率	1200/2400/4800/9600	设置信号传送速度 1200、2400、4800、9600 波特率
F3：字位/校验	7/8 位 奇/偶/无	设置数据位和奇偶校验位 7 位偶校验，7 位奇校验，8 位无校验

例：设置通信为双向联络；9600 波特率；8 位，无奇偶校验位的通信参数。

操作方法见表4-50。

表 4-50

操 作 过 程	键 操 作	显　　示
1. 在主目录第一页，按下 F2 键进入存储管理模式。	F2 存储管理	【目录】 F1：数据采集 F2：存储管理 　　　　　1 页↓
2. 在存储管理模式下，按下 F2 键，进入数据通信模式。	F2 数据通信	【存储管理】 F1：数据管理 F2：数据通信 F3：初始化　　　退出
3. 按 F2 键，程序进入设置通信参数模式。	F2 通信参数	【数据通信】 F1：传输数据 F2：通信参数 　　　　　　　退出
4. 按 F1 ，程序进入设置通信协议模式。	F1 协议	【通信参数】 F1：协议 F2：波特率 F3：字位/校验　　退出
5. 按 F1 键，改变协议方式由单向传输为双向传输。	F1 设置	设置通信协议 协议方式：[单向传输] 设置　　　退出　确定

操 作 过 程	键 操 作	显 示
6. 协议设置完成，按 F4 键，返回上一个模式。	F4 确定	设置通信协议 协议方式：[单向传输] 设置　　　　退出　确定
7. 按 F2 键，程序进入设置通信波特率模式。	F2 波特率	【通信参数】 F1：协议 F2：波特率 F3：字位校验　　　退出
8. 按 F1 键，可依次改变通信波特率为 1200/2400/4800/9600。 　例：设置为 9600	F1 设置	设置波特率 波特率：[1200] 设置　　　　退出　确定
9. 波特率设置完成，按 F4 键，返回上一个模式。	F4 确定	设置波特率 波特率：[9600] 设置　　　　退出　确定
10. 按 F3 键，程序进入设置通信校验位模式。	F3 字位校验	【通信参数】 F1：协议 F2：波特率 F3：字位/校验　　　退出
		设置校验位 校验位：[7 位/奇校验] 设置　　　　退出　确定
11. 按 F1 键，可依次改变校验位为 7 位/奇校验；8 位/无校验；7 位/偶校验。 　例：设置为 8 位/无校验	F1 设置	设置校验位 校验位：[8 位/无校验] 设置　　　　退出　确定
12. 校验位设置完成，按 F4 键，返回上一个模式。	F4 确定	【通信参数】 F1：协议 F2：波特率 F3：字位/校验　　　退出

4.6.2.6　初始化

该模式用于初始化和检查内存，操作时，将清除所有的数据文件，并进行初始化设置。操作方法见表4-51。

表 **4-51**

操 作 过 程	键 操 作	显　　　　示
1. 在主目录第一页，按下 F2 键进入存储管理模式。	F2 存储管理	【目录】 F1：数据采集 F2：存储管理 　　　　　　1 页↓
2. 在存储管理模式下，按下 F3 键，进入内存初始化模式。	F3 初始化	【存储管理】 F1：数据管理 F2：数据通信 F3：初始化　　　退出
3. 按 F3 键，程序进入初始化。	F3 是	初始化将删除内存数据 做否？ 　　　　　　〔是〕　〔否〕
		正在做初始化请等待！ ■■■■■■■
4. 初始化完成，程序自动返回上一个模式。		【存储管理】 F1：数据管理 F2：数据通信 F3：初始化　　　退出
注：本节操作可以清除内存中的所有数据，包括记录测点数据和坐标库数据。如单一初始化记录测点或坐标库请参照4.6.2.2节显示内存状态之 B 清除内存数据和 C 清除坐标库数据。		

新购仪器出厂前已做完初始化，新建记录数据或采集数据组时建议进行初始化。

4.6.3 显示屏与望远镜十字丝照明的设置

本模式使显示屏（LCD）和十字丝照明打开或关闭。

例：将照明灯打开的设置，操作方法见表4-52。

表 4-52

操 作 过 程	操 作	显 示
1. 在测量模式下（任何模式下），按下 ★ 键进入星键模式。	★	VZ:　90°10′20″　17:35 HR:　120°30′40″ 置零 锁定 置盘 1页↓
2. 在该模式下，按 F1 键，使显示屏（LCD）和十字丝照明打开（图标变化开或关）。	F1 照明	2003-04-17　　23:08:56 照明　显示　棱镜　大气
3. 设置确认后，按 角度 键或 退出 键返回。	角度	2003-04-17　　23:08:56 照明　显示　棱镜　大气
		VZ:　90°10′20″　17:35 HR:　120°30′40″ 置零 锁定 置盘 1页↓

4.6.4　打开或关闭倾斜改正、设置垂直角模式

例：关闭倾斜改正；变换天顶角模式为高度角模式，操作方法见表4-53。

表 4-53

操　作　过　程	操　作	显　　示
1. 按 菜单 键，并进入第三页模式。按 F1 键，进入模式设置菜单。	菜单 F1 模式设置	【目录】 F1：模式设置 F2：误差校正 　　　　　　3 页↓
2. 在模式设置菜单下，按 F1 键，进入角度设置模式。	F1 角度模式	【模式设置】 F1：角度模式 F2：测距模式 F3：读数模式　　　退出
3. 按 F1 键，关断倾斜补偿器，按 F2 键，改变垂直角模式为高度角模式。	F1 倾斜 F2 垂直角	【倾斜和垂直角模式】 倾斜改正：　[开] 垂直角模式：　[天顶] 倾斜　垂直角　　确定
4. 设置完成，按 F4 键，返回。	F4 确定	【倾斜和垂直角模式】 倾斜改正：　[关] 垂直角模式：　[高度] 倾斜　垂直角　　确定
		【模式设置】 F1：角度模式 F2：测距模式 F3：读数模式　　　退出

4.6.5 设置距离测量模式

例：使测距为跟踪模式、显示结果为平距模式，操作方法见表4-54。

表 4-54

操 作 过 程	操 作	显 示
1. 按 菜单 键，并进入第三页模式。按 F1 键，进入模式设置菜单。	菜单 F1 模式设置	【目录】 F1：模式设置 F2：误差校正 　　　　　3 页↓
2. 在模式设置菜单下，按 F2 键，进入测距设置模式。	F2 测距模式	【模式设置】 F1：角度模式 F2：测距模式 F3：读数模式　　退出
3. 按 F1 键，改变测距模式为跟踪测量，按 F2 键，改变距离模式为平距模式。	F1 测量 F2 距离	【测距模式】 模式：[精测] 距离：[斜距] 测量　距离　　确定 【测距模式】 模式：[跟踪] 距离：[平距] 测量　距离　　确定
4. 设置完成，按 F4 键，返回。	F4 确定	【模式设置】 F1：角度模式 F2：测距模式 F3：读数模式　　退出

4.6.6　设置度量单位和最小读数精度模式

　　例：　设置角度最小读数：1.0mG，角度单位：格，距离单位：英尺
操作方法见表4-55。

表 4-55

操 作 过 程	操　作	显　示
1. 按 菜单 键，并进入第三页模式。按 F1 键，进入模式设置菜单。	菜单 F1 模式设置	【目录】 F1：模式设置 F2：误差校正 　　　　　3 页↓
2. 在模式设置菜单下，按 F3 键，进入读数设置模式。	F3 读数模式	【模式设置】 F1：角度模式 F2：测距模式 F3：读数模式　·　退出
3. 按 F1 键，改变角度单位为格制单位，按 F2 键，改变距离单位为英制单位，按 F3 键，改变最小读数单位为 5″/1.0mG。	F1 角度 F2 距离 F3 读数	角度单位：　[度制] 距离单位：　[米制] 读数精度：　[1″/0.5mG] 角度　距离　读数　确定 角度单位：　[格制] 距离单位：　[英制] 读数精度：　[5″/1.0mG] 角度　距离　读数　确定
4. 设置完成，按 F4 键，返回。	F4 确定	【模式设置】 F1：角度模式 F2：测距模式 F3：读数模式　　退出

4.6.7　设置非操作定时关机功能

如果在定时时间内无按键操作或无任何测量工作，则时间到时，仪器会按设置时间自动关机（若时间设置0，则为不自动关机）。

例：设置20分钟自动关机，操作方法见表4-56。

表 4-56

操　作　过　程	操　　作	显　　　示
1. 在菜单模式二页，按 F2 键，进入定时关机设置，界面显示00分钟，为不自动关机模式。	F2 自动关机 设置	【目录】 F1：日历和时钟 F2：自动关机设置 2 页↓
2. 按 F1 键，使仪器在无操作状态下20分钟自动关机。	F1 设置	【自动关机设置】 定时时间［00分钟］ 设置　　　退出　确定
		【自动关机设置】 定时时间［20分钟］ 设置　　　退出　确定
3. 按 F4 键，返回。	F4 确定	
		【目录】 F1：日历和时钟 F2：自动关机设置 2 页↓

注：在自动关机设置模式下，每按 F1 键，定时时间按00→10→20→30分钟时间依此转换。

4.6.8　设置时钟显示和校正时钟和日期

例：　校正当前的日期和时钟，打开时钟显示。操作方法见表 4-57。

表 4-57

操　作　过　程	操　作	显　示
1. 在目录模式第二页，按 F1 键，进入设置日历和时钟模式。	F1 日历和 时钟	【目录】 F1：日历和时钟 F2：自动关机设置 2 页↓
2. 首先，应校正当前显示的日期和时钟。按 F4 键，使仪器进入时钟校正模式。	F4 校正	2003 年 11 月 22 日星期一 16：27：01 时钟显示：［关］ 时钟　　　　　　校正
3. 按▶或◀键右移或左移下一个要修改的数字。按底行对应的字母或数字对闪烁的反白数字进行修改，键入所需要的坐标名。例：时间校正为：2004 年 03 月 19 日星期五　17：35：00		20**0**3 年 11 月 22 日星期一 16：27：01 0123　4567　89＋－　确定 2004 年 03 月 19 日星期五 17：35：0**0** 0123　4567　89＋－　确定
4. 时钟校正完毕后按 F4 键返回设置日历和时钟模式。	F4 确定	2004 年 03 月 19 日星期五 17：35：03 时钟显示：［**关**］ 时钟　　　　　　校正
5. 若要打开在屏幕界面上的时钟显示，按下 F1 键，使时钟显示打开。	F1 时钟	2004 年 03 月 19 日星期五 17：35：05 时钟显示：［**开**］ 时钟　　　　　　校正
6. 设置完成，按下 确定 键，程序返回目录模式。	确定	【目录】 F1：日历和时钟 F2：自动关机设置 2 页↓
7. 由目录模式转到测角模式，在显示屏上可以见到时钟显示。	角度	VZ：　　90°10′20″　**17：35** HR：　　120°30′40″ 置零　锁定　置盘　1 页↓

4.6.9 设置测距目标棱镜常数模式

本公司出产的棱镜，其常数应设置为零。若不是使用本公司的棱镜，则必须设置相应的棱镜常数。

例：设置棱镜常数为15mm。操作方法见表4-58。

表 4-58

操 作 过 程	操 作	显 示
1. 按下 ★ 键进入星键模式。在该模式下，按 F3 键，进入设置测距目标棱镜常数模式。	F3 棱镜	2003 - 04 - 17　　23:08:56 照明　显示　棱镜　大气
2. 按▶或◀键右移或左移下一个要修改的数字。按底行的对应的数字对闪烁的反白数字进行修改。 例：棱镜常数为 15mm		【棱镜常数设置】 棱镜常数：[+ 00mm] 0123　4567　89 + －　确定
		【棱镜常数设置】 棱镜常数：[+1 5 mm] 0123　4567　89 + －　确定
3. 设置确认后，按 F4 键，返回上一模式。	F4 确定	VZ:　　90°10′20″　17:35 HR:　　120°30′40″ 置零　锁定　置盘　1页↓

4.6.10　设置测距仪仪器常数模式

按"仪器加常数的检验与校正"的方法可以求得仪器常数，仪器出厂时已精确测定并保存了仪器常数值。

例：设置仪器加常数为 − 26mm；仪器乘常数为 10ppm。操作方法见表 4-59。

表 4-59

操　作　过　程	操　作	显　　示
1. 在菜单模式三页，按 F2 键，进入设置测距仪误差校正模式。	F2 误差校正	【目录】 F1：模式设置 F2：误差校正 　　　　　3 页↓
2. 在误差校正模式下，按 F3 键，进入仪器常数模式。	F3 仪器常数	【误差校正】 F1：垂直指标差 F2：视准轴误差 F3：仪器常数　　退出
3. 按▶或◀键右移或左移下一个要修改的数字。按底行的对应的数字对闪烁的反白数字进行修改。直至键入所需值。 　　例：仪器加常数为 − 26mm 　　　　仪器乘常数为 10ppm		【仪器常数设置】 仪器加常数：［■00mm］ 仪器乘常数：［ +00ppm］ 0123　4567　89 + −　确定
		【仪器常数设置】 仪器加常数：［ −26mm］ 仪器乘常数：［ +1■ppm］ 0123　4567　89 + −　确定
4. 按 F4 键，返回。	F4 确定	【误差校正】 F1：垂直指标差 F2：视准轴误差 F3：仪器常数　　退出

4.6.11　设置大气压强和温度常数以计算大气改正

光线在空气中的传播速度并非常数，它随大气的温度和压力而变，本仪器一旦设置了大气改正值即可自动对测距结果实施大气改正，本仪器的标准大气状态为：温度 20℃，气压 1013hPa，此时大气改正为 0ppm，大气改正值在关机后仍可保留在仪器内存里。

大气改正的计算

改正公式如下：

计算单位：米

$$K_a = \left[275 - 79.521759 \times \frac{hPa}{273 + t} \right] \times 10^{-6}$$

经过大气改正后的距离 $L(m)$ 可由下式得到：

$$L = L(1 + K_a)$$

L 为加大气改正的距离测量值

例：设气温为 $+25℃$，气压为 $1013hPa$ $L = 1000m$，则

$$K_a = \left[275 - 79.521759 \times \frac{1013}{273 + 25} \right] \times 10^{-6} = 5 \times 10^{-6} = 5ppm$$

$$L = 1000 \times (1 + 5 \times 10^{-6}) = 1000.005m$$

4.6.11.1 设置温度和气压值的方法

预先测得站周围的温度和气压，输入仪器后，由仪器自动计算出大气改正值。

例：温度：$+25℃$ 气压：$1013hPa$

操作方法见表 4-60。

表 4-60

操 作 过 程	操 作	显 示
1. 按下 ★ 键，进入星键模式。在该模式下，按 F4 键，进入大气改正设置模式。	F4 大气	2003-04-17　　　23：08：56 照明　显示　棱镜　大气
2. 按下 F1 键，进入输入温度和气压值模式。	F1 温度和气压	【大气改正设置】 F1：输入温度和气压 F2：输入大气改正 　　　　退出
3. 按◀或▶键右移或左移下一个要修改的数字。按底行的对应的数字对闪烁的反白数字进行修改。直至键入所需值。 例：温度为 $+25℃$，大气压强为 $1013hPa$。		【温度和气压设置】 温度：[+ 00℃] 气压：[0000hpa] 0123　4567　89 + -　　确定 【温度和气压设置】 温度：[+25℃] 气压：[101 3 hpa] 0123　4567　89 + -　　确定
4. 按 F4 键，返回先前的模式。	F4 确定	VZ：　90°10′20″　17：35 HR：　120°30′40″ 置零　锁定　置盘　1页↓

4.6.11.2 直接设置大气改正值常数模式

测定温度和气压，然后从大气改正图上或根据改正公式求得大气改正值（ppm），可将ppm值直接输入仪器。

例：ppm = 13，操作方法见表4-61。

表 4-61

操 作 过 程	操 作	显 示
1. 按下 ★ 键，进入星键模式。在该模式下，按 F4 键，进入设置大气改正值常数模式。	F4 大气	2003-04-17　　23：08：56 照明　显示　棱镜　大气
2. 按下 F2 键，进入直接输入大气改正值模式。	F2 大气改正	【大气改正设置】 F1：输入温度和气压 F2：输入大气改正 　　　　　　退出
3. 按◀或▶键右移或左移下一个要修改的数字。按底行的对应的数字对闪烁的反白数字进行修改。直至键入所需值。 例：大气改正值常数为13ppm		【大气改正设置】 大气改正：[+ 00ppm] 0123　4567　89 + −　确定
		【大气改正设置】 大气改正：[+1 3 ppm] 0123　4567　89 + −　确定
4. 按 F4 键，返回先前的模式。	F4 确定	VZ：　90°10′20″　17：35 HR：　120°30′40″ 置零　锁定　置盘　1 页↓

4.7　电源与充电

A　电源

仪器所使用的电池为专用镍氢电池，电量2000mAh。为让其正常工作请使用专用充电器。

a　电池的拆卸

向下按压盖，向外拉出电池，如图4-20所示。

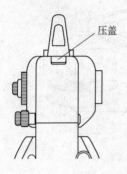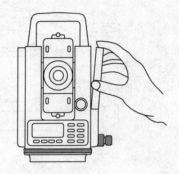

压盖

图 4-20

b　电池的安装

B　充电

将电池的底部突起卡入主机，朝仪器方向推动电池直至卡入位置为止。

a　电池的充电

（1）将电池从仪器上取下。

（2）将充电器电源插头插入交流220V电源上，指示灯为绿色。

（3）将充电器输出插头与待充电池相连，指示灯变为红色，开始充电。

（4）电池充满后，指示灯由红色变为绿色，充电结束。

将电池从充电器上取下，充电器从电源插座上拔下来。

b　充电器技术参数：

工作电压：220V±10%，约50Hz

充电时平均充电电流：≤350mA

平均充电时间：7h

最大充电电流：450mA

注意事项：

①不要直接拉电线，以免造成短路及电线插头损坏；

②电池充电应该在室内进行，环境温度应在10~40℃之间，避免太阳直晒；

③充电器连续工作时间不宜超过10个小时，不充电时应从电源上取下；

④电池长时间不用时，应每隔3~4个月充电一次，并存放在30℃以下的地方。

（如果电池完全放电，会影响将来的充电效果，因此应保证电池经常充电。）

4.8　三角基座的拆装

通过松开或拧紧三角基座固定扳把即可将仪器装到三角基座上或将仪器取下，见图4-21。

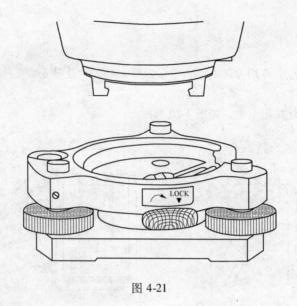

图 4-21

A　拆卸

（1）逆时针旋转固定旋钮 180°（三角形标志指向上方），松开三角基座固定旋钮。

（2）一手握紧提手，另一手握住三角基座上提取仪器即可将两者分离。

B　安装

（1）一手握住提手并将仪器轻放在三角基座上，使仪器上定位块对准三角基座上的定位槽。

（2）当两者完全吻合时，顺时针旋转固定旋钮 180°（三角形标志指向下方）。

C　三角基座固定扳把的锁定

三角基座固定扳把可能无意中被旋松，若仪器与三角基座无需频繁分开，则可利用配给的螺旋刀旋紧固定扳把的保险螺丝。

4.9　检验与校正

4.9.1　仪器加常数的检验与校正

通常，仪器加常数因台而异，建议应将仪器放在某一精确测定过距离的基线上进行观测与比较，该基线应是建立在坚实地面上并具有特定的精度，如果找不到这样一种检验仪器常数的场地，也可自己建立一条 20m 长的基线（购买仪器时）。然后将新购置的仪器对其进行观测作比较。

以上两种情况中，仪器安置误差、棱镜误差、基线精度、照准误差、气象改正、大气折射以及地球曲率的影响等等因素决定了检验结果的精度，请切记这一点。

另外，若在建筑物内部检验基线，要注意温度的变化会严重影响所测基线的长度。

若比较观测的结果，两者相差达 5mm 以上，则可按以下所述步骤对仪器常数进行改正。

（1）在一条近似长度为 100m 的直线上，选择一点 C，观测直线 AC，AB 和 BC 的长度，如图 4-22 所示。

（2）通过重复以上观测多次，得到仪器的加常数：

$$仪器常数 = AC + BC - AB$$

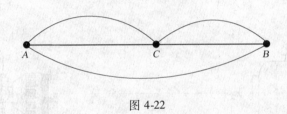

图 4-22

（3）如果在仪器的标准常数和计算直线所得的常数之间存在差异，参考 6.10 "设置测距仪仪器常数模式" 的过程。

（4）在某一基线上再次比较仪器的测量长度。

（5）如果通过以上过程未发现仪器常数有差异，或发现相差超过 5mm，请与新北光公司或新北光经销商联系。

4.9.2 仪器乘常数的检验与校正

通常，仪器测长精度与标准基线长度含有微小误差，建议应将仪器放在某一精确测定过距离的基线上（1km 左右）进行观测与比较，该误差与测量长度呈线性比例关系。

其公式如下：

计算单位：ppm

$$C = \left[\frac{L_b - D}{L_b}\right] \times 10^{-6}$$

其中：C 为仪器乘常数数值；L_b 为标准基线长度；D 为仪器测量长度。

例：设标准基线长度为 $L_b = 1000.000$m，仪器实测为 999.995m 则

$$C = \left[\frac{1000.000 - 999.995}{1000.000}\right] \times 10^{-6} = 0.000005 \times 10^{-6} = 5\text{ppm}$$

$$L = 999.995(1 + 5 \times 10^{-6}) = 1000.000\text{m}$$

以上情况中，仪器安置的误差、棱镜误差、基线精度、照准误差、气象改正、大气折射以及地球曲率的影响等等因素决定了检验结果的精度，请切记这一点。

4.9.3 仪器光轴的检验

可按如下步骤检验电子测距的光轴与经纬仪的光轴是否一致，当目镜的十字丝经过校正之后，进行这项检验尤为重要。

（1）将仪器和棱镜面对面安置在相距约 2m 的地方（此时，仪器位于开机状态）。

（2）瞄准并调焦，将十字丝对准棱镜中心，见图 4-24。

（3）将观测模式设置为测距或回光音响模式。

（4）观察目镜，旋转调焦螺旋看清红色光点（闪烁）见图 4-25，如果十字丝与光点在竖直和水平方向的偏差不超过光点直径的五分之一，则不需校正。

> 注意：如果上述偏差超过五分之一，且经过再次检验仍然如此，则仪器必须由专门技术人员进行校正，请与厂家或经销商联系进行校正。

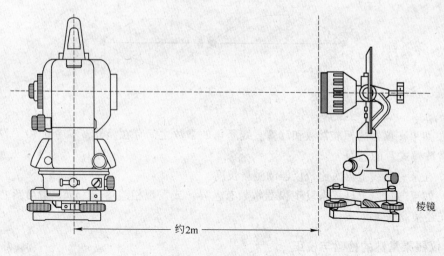

图 4-23

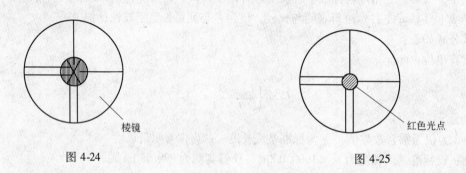

图 4-24　　　　　　　　　　　　　　　　　图 4-25

4.9.4　经纬仪的检验与校正

（1）校正要点如下：

1）在作任何需要通过望远镜观察的检验项目之前，均要仔细对望远镜的目镜进行调焦，记住要仔细地调焦，完全消除视差。

2）由于各项校正互相影响，因此一定要严格按顺序进行校正，顺序不正确，后一项校正会破坏前一项校正。

3）校正结束应拧紧校正螺丝（但不可拧过紧，否则会造成滑丝，折断螺杆或其他部件造成不适当的压力），另外，记住要按旋紧方向拧紧螺丝。

4）另外，在校正结束时，所有的固定螺丝均应拧紧。

5）为了确保校正无误，校正结束应重新进行检验。

（2）三角基座的注意事项如下：

1）任何一个脚螺旋如有松动或由于脚螺旋的松动而造成照准不稳定，则必须用螺丝刀拧紧脚螺旋的校正螺丝（每个脚螺旋上有两处校正螺丝）。

2）若脚螺旋与三角压板之间有松动，则先松开固定环的定位螺丝，然后用校正针拧紧固定环直到调节合适为止，然后再上紧定位螺丝，见图 4-26。

4.9.4.1　长水准器的检验与校正

如果长水准器轴与仪器竖轴不垂直则必须进行校正。

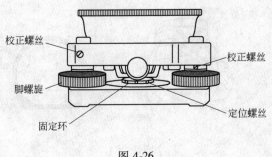

图 4-26

A 检验

（1）将长水准器置于与某两个脚螺旋 A，B 连线平行的方向上，旋转这两个脚螺旋使长水准器气泡居中。

（2）将仪器绕竖轴旋转 180° 或 200g，观察长水准器气泡的移动，若长准器气泡不居中则按下法进行校正。

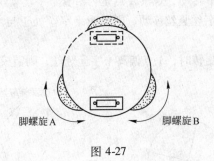

图 4-27

B 校正

（1）调整长水准器一端的校正螺丝，利用配给的校正针将长准器气泡向中间移回偏量的一半。

（2）利用脚螺旋调平剩下的一半气泡偏移量。

（3）将仪器绕竖轴再一次旋转 180° 或 200g，检查气泡的移动情况，若仍然有偏差，则重复上述校正。

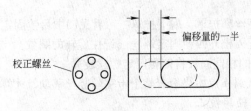

图 4-28

4.9.4.2 圆水准器的检验与校正

如果圆水准器轴与仪器竖轴不平行，则必须进行校正。

（1）检验。根据长水准器仔细整平仪器，若水准器居中，则不需校正，否则，按下法进行校正。

（2）校正。利用配给的校正针调整圆水准器的三个校正螺丝使圆气泡居中。

4.9.4.3 十字丝的校正

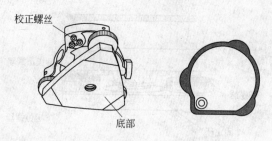

校正螺丝

底部

图 4-29

若十字丝与水平轴不垂直，则需要校正（这是由于可能要用竖丝上的任一点瞄准目标进行水平角测量或定线）。

A 检验

(1) 将仪器安置在三脚架上，严格整平。

(2) 用十字丝交点瞄准至少 50m（160 英尺）外的某一清晰点 A。

(3) 让望远镜作轻微上下转动，观察 A 点是否沿着十字丝竖丝移动。

(4) 如果 A 点一直沿十字丝竖丝移动，则说明十字丝处于与水平轴垂直的平面内（此时无需校正）。

(5) 当望远镜垂直上下旋转时，A 点偏离十字丝竖丝，则需校正十字丝环。

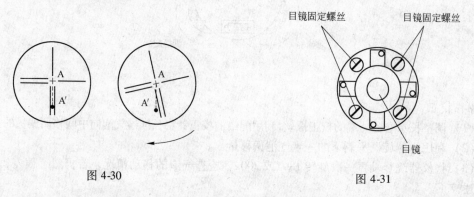

图 4-30

目镜固定螺丝 目镜固定螺丝

目镜

图 4-31

B 校正

(1) 逆时针旋转十字丝环护罩，取下护罩，可看见四颗目镜固定螺丝。

(2) 利用配给的螺丝刀松开四颗固定螺丝（记住旋转的圈数），旋转目镜直至十字丝与点 A 重合，最后按刚才旋转的相同圈数将四颗固定螺丝旋紧。

(3) 再检验一次，直到 A 点始终沿着整个十字丝竖丝移动，才算校正完毕。

4.9.4.4 仪器视准轴的校正

照准要求是望远镜的视线与仪器的水平轴垂直，否则，将不能直接进行。

A 检验

(1) 将仪器置于两个清晰的目标点 A，B 之间，距离 A，B 约 50~60m（160~200 英尺）。

(2) 利用长水准管严格整平仪器。

(3) 瞄准 A 点。

(4) 松开望远镜垂直制动螺旋，将望远镜绕水平轴旋转 180°或 200g，使望远镜调过头。

(5) 瞄准与目标 A 等距离的目标 B 并拧紧望远镜垂直制动螺丝。

（6）松开水平制动螺旋,绕竖轴旋转仪器180°或200g,再一次照准 A 点并拧紧水平制动螺旋。

（7）松开望远镜上下制动螺旋,将望远镜绕水平轴旋转180°或200g,设十字丝交点为 C,C 点应该与 B 点重合。

（8）若 B,C 不重合,则需按下法校正。

B 校正

（1）旋下十字丝环的保护罩。

（2）在 B,C 之间定出一点 D,使 CD 等于 BC 的四分之一处,这是由于在检验过程中,望远镜已倒转两次,因此 BC 两点间的偏差是真正的误差的四倍。

（3）利用校正针旋转十字丝的左,右两个校正螺丝将十字丝竖丝平移到 D 点,校正完后,应再作一次检验,若 B 点与 C 点重合,则校正结束否则重复上述校正过程。

4.9.4.5 仪器视准轴误差的软件校正

如果用正、倒镜测量目标 A 的水平角,正、倒镜读数之差应为整180°,差值过大,说明仪器视准轴误差大,如误差大于30″请按上节"4.9.4.4 仪器视准轴的校正"方法操作。经校正后,如视准轴还存在小误差可以使用软件的方法,再进行精细校正。

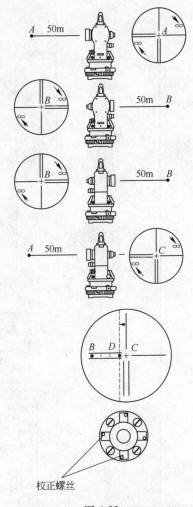

图 4-32

操作方法见表4-62。

表 4-62

操　作　过　程	键　操　作	显　　示
1. 开机后进入目录第三页模式。按下 F2 键，进入误差校正模式。	F2 误差校正	［目录］ F1：模式设置 F2：误差校正 　　　　　　　　3 页↓
2. 按下 F2 键，进入视准轴误差校正模式。	F2 视准轴误差	［误差校正］ F1：垂直指标差 F2：视准轴误差 F3：仪器常数　　　退出
3. 按显示器操作提示，正镜（盘左）照准目标 A，然后按 F1 键，给水平角清零。	照准A F1 清零	［视准轴误差校正］ 一：盘左瞄准目标点 HR：　　10°30′20″ 清零　　退出　设置
4. 按 F4 键，置入。	F4 设置	［视准轴误差校正］ 一：盘左瞄准目标点 HR：　　0°00′00″ 清零　　退出　设置
5. 使望远镜调过头，倒镜（盘右）照准目标 A，然后按 F4 键置入。	照准A F4 设置	［视准轴误差校正］ 二：盘右瞄准目标点 HR：　180°00′10″ 　　　　退出　设置
	F4 校正	视准轴误差： 　　　+0°00′05″ 　　　　　　　校正

新北光
B1S22
中文电子全站仪

2004 年
03 月 04 日
15：12：19

转动望远镜开始测量

4.9.4.6　光学对中器的检验与校正

该项校正是使光学对中器的视准轴与仪器竖轴重合（否则，当仪器用光学对中器对中后，仪器竖轴不能相对于参考点位于严格的垂直位置）。

A　检验

（1）将光学对中器中心对准某一清晰地面点（参见4.2节"测量前的准备"）。

（2）将仪器绕竖轴旋转180°或200g，观察光学对中器的中心标志，若地面点仍位于中心标志处则不需校正，否则，需按下述步骤进行校正。

B　校正

（1）打开光学对中器望远镜目镜的护罩，可以看见四颗校正螺丝，利用配给的校正针旋转这四颗校正螺丝，将中心标志相对地面点移动，注意校正量应为偏离量的一半。

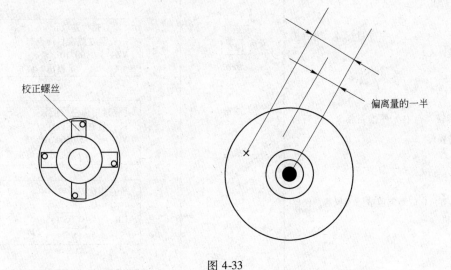

图 4-33

（2）利用脚螺旋使地面点与中心标志重合。

（3）再一次将仪器绕竖轴旋转180°或200g，检查中心标志，若两者重合，则不需校正，如不符合则重复上述校正步骤。

4.9.4.7　垂直角零基准的校正

如果用正、倒镜测量目标A点的垂直角，正、倒镜读数之和应该等于360°（Z-0天顶方向为0），否则与360°差值的一半为0位的基准误差（垂直指标差），应予以校正，由于校正垂直角0位是确定仪器坐标原点的关键，因此校正时要特别仔细。

操作方法见表4-63。

表 4-63

操　作　过　程	键　操　作	显　　　示
1. 校正前，用长水准管整平仪器，开机后进入目录第三页模式。按下 F2 键，进入误差校正模式。	F2 误差校正	［目录］ F1：模式设置 F2：误差校正 　　　　　3 页↓

续表4-63

操 作 过 程	键 操 作	显 示
2. 按下 F1 键，进入垂直指标差校正模式。	F1 垂直 指标差	［误差校正］ F1：垂直指标差 F2：视准轴误差 F3：仪器常数 退出
3. 旋转望远镜，使垂直角过零。	垂直角 过零	转动望远镜垂直角过零
4. 正镜（盘左）照准目标 A，然后按 F4 键置入。	瞄准 F4 确定	［垂直指标差校正］ 一：盘左瞄准目标点 VZ： 90°10′20″ 退出 确定
5. 倒镜（盘右）照准目标 A，然后按 F4 键置入。	瞄准 F4 确定	［垂直指标差校正］ 二：盘右瞄准目标点 VZ： 270°00′10″ 退出 确定
6. 垂直角 0 位测定值被记入仪器，仪器重新开机。	F4 校正	垂直指标差： HR： −0°05′15″ 校正
		新北光 B1S22 中文电子全站仪
		2004 年 03 月 10 日 05：17：20 转动望远镜开始测量

5 测量综合实训指导

5.1 测量综合实训的目的与任务

测量综合实训是根据《建筑工程测量》教学大纲的要求，在课堂教学结束之后集中进行综合训练的实践性教学环节。

5.1.1 测量综合实训的目的

(1) 使学生系统地掌握课堂教学理论知识和实际操作技能。

(2) 熟练掌握水准仪、经纬仪等测量仪器的使用和保养方法。

(3) 掌握小地区大比例尺地形图的测绘原理、作业程序、方法和测绘技能。

(4) 会用地形图，能根据工程建设情况进行建筑物的施工放样；综合运用所学知识为工程建设服务。

(5) 提高学生的动手能力和分析问题、解决问题的能力，培养良好的集体主义观念，逐步形成严谨求实、团结合作的工作作风和吃苦耐劳的劳动态度。

5.1.2 测量综合实训的任务

(1) 每个实训小组测一条约 1 公里长的闭合（或附合）水准测量路线。

(2) 每个实训小组测一条闭合（或附合）导线。

(3) 每个实训小组完成一幅（30cm×30cm）1:500 地形图的测绘（从图根控制到地形图整饰）。

(4) 每个实训小组在地形图上设计一栋建筑物，并把这栋建筑物根据设计要求测设到地面，进行施工放线等实训。

(5) 每人要求完成水准测量、导线测量的成果计算和施工测量放样数据的计算。

5.2 测量实训仪器及工具

5.2.1 各组必备的测量仪器和工具

每个实训小组应配备以下测量仪器和工具：

(1) DJ_6 经纬仪一台，DS_3 水准仪一台，水准尺一对，50m 钢尺一把，测图板一块，《地形图图式》一本，木桩若干个，锤一把，量角器一个，测伞一把，工具包一个。

(2) 自备函数计算器一个，2H（或 3H）与 4H 铅笔一支，1:500 聚酯薄膜绘图纸一幅（可购买），橡皮一块，水准测量观测手簿、角度测量观测手簿、距离测量观测手簿、碎部测量观测手簿等。

5.2.2 共用的测量仪器和工具

根据学校测量仪器设备情况和班级人数，每个班级至少应配备以下测量仪器和工具：

5″或 2″全站仪主机三至四台，脚架六至八个，反射棱镜（含牌、棱镜杆）四至八个，充电器三至四个。

全站仪设备足够多时，可以每组配备一台。实训内容则以全站仪进行数字测绘为主。

5.3　测量综合实训的计划安排与组织纪律

5.3.1　测量综合实训计划

测量综合实训计划见表 5-1。

表 5-1　测量综合实训计划表

序　号	实训项目		实训内容	时间安排
1	实训准备		领取并检查仪器	0.5 天
			踏勘选点、埋桩编号	
2	图根控制	高程控制	水准测量	1 天
		平面控制	经纬仪导线外业测角	2.5 天
			全站仪量边（教师组织）	
			控制成果计算与图纸准备	
3	地形图的测绘	碎部测量	经纬仪测图	3.5 天
			地形图的拼接、检查与整饰	
4	地形图的应用		断面图的绘制及场地平整计算，图上设计建筑物	0.5 天
5	施工测量		点的平面位置与高程测设等与专业相关的施工测量工作	1.5 天
6	仪器操作考核，还仪器、实训总结、成绩评定			0.5 天
8	合　计			10 天

注：1. 如遇下雨天或其他特殊情况，实训内容和时间安排可作适当调整。

　　2. 上述安排是以两周实训时间为准的，如实训时间更长，则可适当增加地形图的应用和施工测量的内容与天数。如实训时间较短，可适当减少地形图的测绘和控制测量的内容与天数。

5.3.2　测量综合实训的组织

测量综合实训的教学与组织管理工作由实训指导教师和各实训小组组长、有关班干部组成。指导教师的职责是：

（1）研究实训大纲和了解学生的学习情况，并按照实训大纲的要求制定实训计划。

（2）做好实训仪器、图纸等的准备工作。

（3）组织学生学习实训大纲和计划并布置实训任务和安全保密要求。

（4）进行技术指导，检查实训进度，随时观察了解学生的实训情况，研究指导方法，发现问题要及时采取措施，不断地引导实训深入。

（5）督促学生遵守实训纪律、爱护测量仪器与工具。

（6）全面负责，教书育人，随时观察了解学生的思想表现，严格要求，严格管理。

班干部和小组长的职责是：

（1）组织本组成员按实训计划和技术要求完成实训任务。

（2）组织本组成员执行实训任务的均衡轮换，使人人都能参与实训的每个环节。

（3）负责监督本组仪器和工具的安全与清洁。

（4）经常向指导教师通报本组的实训情况和人员出勤情况。

5.3.3　测量综合实训纪律

（1）必须按照实训大纲和实训计划的要求进行实训，认真完成实训任务。

（2）实事求是，严格执行《工程测量规范》，坚决杜绝弄虚作假行为。

（3）实训日记要逐日填写，不准拖拉。

（4）实训报告每人一份，在实训结束前三天着手进行，实训完毕交给指导教师。

（5）每日至少工作八小时（若生产任务完不成要适当增加），工作时间不经批准不得私自离开现场，有事必须请假，一天之内事假由指导教师批准，一天以上系主任批准，实训组长无权批准病事假。

（6）不准坐在仪器箱上。经纬仪迁站必须装箱，背仪器箱时必须首先检查箱盖，锁上扣紧。

（7）出工和收工时，组长要认真负责清点仪器。

（8）仪器不经指导教师批准，不得转借他人。

（9）要注意仪器安全和人身安全，每天工作做到出工时要强调安全，工作时注意安全，收工时要检查安全。

（10）实训期间同时要遵守学校的各项规章制度，实训期间看电影、上网吧等一律按旷课处理，累计三天以上者给予纪律处分。

（11）爱护测量仪器和工具，损坏或丢失测量仪器者应照价赔偿。

（12）团结合作，互相帮助，吃苦耐劳。

（13）各种记录手簿的检查和计算工作必须当场（天）完成。

5.4　测量综合实训的内容与要求

5.4.1　图根平面控制

图根平面控制一般采用闭合导线，导线点用木桩上钉小铁钉表示，并用红漆编号。如在校园内实训，最好由教师预先在学校内布好一定数量的导线点（埋铁桩），供实训使用。

（1）踏勘选点：先到测区进行踏勘，在了解测区全貌的情况下，选一定数量的导线点，选点时应注意以下几个方面：

1）导线点间必须互相通视，以便于测角量边。

2）应考虑量距方便、安全。

3）应选在比较开阔的地方，便于碎部测量，同时应选在地面硬，不易下沉的地方，且便于安置仪器。

4）导线边长最好大致相等，一般在 100m 左右，最长不超过 300m，短边尽量少。

（2）角度测量

1）使用测回法观测闭合导线的内角，附合导线左角（或右角）两个测回。

2）对中误差应不大于 3mm，观测过程中水准气泡偏离不得超过 1 格。

3）每两个半测回角值之差不超过 40″，两个测回之差也不能超过 40″。

4）第一、二测回起始方向读数应变换 90。

用 DJ_6 经纬仪测左角（内角）一个测回，半测回差 ≤ ±40″。

（3）边长测量

每段距离用全站仪（或测距仪）单向观测一次。如果是用钢尺丈量，则要求注意以下几点：

1）用 50m 钢尺进行往返丈量。

2）丈量过程中用经纬仪定线，把边长分成小于 50m 的小段。

3）每小段在钢尺不同位置丈量两次，两次之差小于 3mm，取平均值。

4）导线边倾斜角大于 2 度时，要测量边的倾斜角，进行倾斜改正，或者测定两点高差进行改正。

5）往返丈量相对误差要求不大于 1/3000，特殊困难地区不大于 1/2000 或 1/1000。

6）间接丈量时，由两基线推算出未知边长的较差不大于 1/1000 时，取平均值为准。

7）量距时钢尺读数读到毫米。

（4）导线成果计算

根据已知数据（一条边的坐标方位角，一个点的平面直角坐标）和观测数据进行闭合导线的成果计算；计算导线点的平面直角坐标。导线角度闭合差应 ≤ ±40$\sqrt{n}$〔单位为（″）〕。导线全长相对闭合差应 ≤1/2000。坐标计算至毫米。

5.4.2　图根高程控制

一般情况下，图根高程控制采用导线点作为高程控制点，构成闭合水准路线。

（1）外业观测

用 DS_3 水准仪和水准尺按四等水准测量的要求进行闭合水准路线的测量。技术要求：

1）前后视距差 ≤5m，前后视距累计差 ≤10m，视线离地面最低高度应 ≥0.3m，仪器到水准尺间距不大于 75m。

2）用改变仪器高法，两次高差之差 ≤5mm，闭合路线高差闭合差 ≤ ±12$\sqrt{n}$（单位为 mm）。

（2）内业计算

在外业观测成果检核符合要求后，根据一个已知点的高程和高差观测数据进行闭合水准路线成果计算，推算出各个水准（导线）点的高程。高程计算至毫米。

5.4.3　地形图的测绘

（1）测图前准备工作

1）这次测图比例尺为 1:500，图幅大小为 30cm×30cm，结合各控制点坐标及测图面积进行分幅。

2）坐标方格网绘制完（网线粗不超过 0.15mm，纵横线应严格正交，各对角顶点应在一直线上），要进行检查：将直尺边沿方格的对角线方向放置，各对角顶点应在一条直线上，偏离不应大于 0.2mm；再检查各个方格对角线长度应为 14.14cm，允许误差为 0.2mm；图廓对角线长度与理论长度之差允许为 ±0.3mm。超过允许值时应将方格网进行修改或重绘。

3）控制点展绘完毕，要按照控制点成果检查各点有无差错，用比例尺在图纸上量取相邻控制点之间的距离和已知距离相比较，其最大误差在图纸上不应超过 ±0.3mm。

(2) 碎部测量

1) 碎部测量一般采用经纬仪测绘法：根据视距测量的原理，通过测量并计算出立尺点（地形特征点）与测站点的水平距离和高差，按极坐标法将各立尺点展绘到图纸上并注明高程。

2) 碎部点的选取原则：地物取其外形轮廓线转折点，地貌取其地形线上的坡度变化点。碎部点间隔要求图上 1～3cm 间隔一个点，即最大间距为 15m。

3) 测图时的最大视距：地物点应小于 60m，地貌点应小于 100m。仪器高和标杆高至少应量至厘米。

4) 地形图绘图时，应遵守《1∶500、1∶1000、1∶2000、比例尺地形图图式》中的有关规定。

5) 测图时，仪器对中误差不应大于图上 0.05Mmm（M 为测图比例尺分母）。

6) 安置仪器时，以较远一控制点定向，另一控制点进行检核。

7) 每测十几个碎部点后，应做归零检查，用经纬仪重新瞄准定向点，看水平度盘读数是否仍为 0°00′00″，其归零差不应大于 4′。

8) 对于地物或其他建筑物轮廓弯曲之处，若不超过图上 0.4mm，可用直线进行连接。

9) 测定地形点后，应在现场用内插法描绘等高线，等高距为 0.5m。

(3) 地形图的拼接、检查、清绘与整饰

1) 为了进行图的拼接，每幅图的东南边均要测出图廓 1cm。

2) 接图时用宽 3～5cm 透明纸，蒙在左图幅接边上，用蓝黑墨水把图廓外地物、等高线、坐标格网等描绘在透明纸上，然后把这张透明纸按格网位置蒙在右图幅衔接边上，同样将地物、等高线等用笔描绘在透明纸上。

3) 拼接时，地物位置误差，高程误差不超过规定的中误差的 $2\sqrt{2}$ 倍时（即地物位置误差在城镇居住区、工矿区不大于图上 1.7mm，一般地区不大于 2.3mm，等高线平地不超过一个等高距，山地不超过 2 个等高距），用红笔取平均位置，然后改正原图。

4) 地形图要进行室内检查和室外检查，室外检查一般用仪器设站采用散点法或断面法进行检查；地形图的清绘与整饰应按照先图内后图外、先注记后符号、先地物后地貌的次序进行。

5.4.4 地形图的应用

各实训小组可在教师的指导下，根据各组所测的大比例尺地形图，设计一幢建筑物或绘制某个断面的断面图，并进行某个区域的场地平整工作（参见实训十四）。

5.4.5 工程施工测量

5.4.5.1 实训时间为四周

当实训时间为四周时，可适当增加地形图的测绘时间，绘图的范围也应增加到一整幅（40cm×50cm）；同时，结合各自专业的需求，增加地形图应用的时间和内容，并要求在自己绘制的地形图和断面图的基础上进行相关的设计工作，以此作为施工放样的依据；同时还应适当增加工程施工测量工作内容和时间。

5.4.5.2 实训时间为三周

当实训时间为三周时可结合各自的专业需求，适当增加地形图的应用内容和时间，同时增加与专业内容相关的工程施工测量工作内容和时间。

5.4.5.3　实训时间为两周

当实训时间只有两周时，一般教学学时都比较少，课内实训只能选择实训 1 至实训 13 中的部分实训进行。其他实训则可根据各自专业的不同需要，放在本次综合实训中进行；如将实训 14 作为测量综合实训中地形图的应用内容，选择实训 15 至实训 17 中的部分实训作为测量综合实训中的工程施工测量内容。

5.4.5.4　实训时间少于两周

实训时间少于两周时，其专业对测量课程的要求也比较低，此时可压缩测量综合实训中的控制测量和碎部测量的部分时间，适当减少地形图绘图的图幅大小要求（如将绘图范围减为 $20\mathrm{cm} \times 20\mathrm{cm}$）；同时，根据专业需要决定选作地形图应用的内容和时间。

5.5　成果整理与成绩评定

实训过程中，所有外业观测的原始数据均应记录在规定的表格内，全部内业计算也应在规定的表格内进行。实训结束，应对测量成果资料进行整理，并装订成册，上交实训带队教师，作为评定实训成绩的主要依据。

5.5.1　上交的成果与资料

（1）小组应上交的成果与资料
1）水准测量观测手簿。
2）角度测量观测手簿。
3）距离测量观测手簿。
4）碎部测量观测手簿。
5）1∶500 地形图一幅（$30\mathrm{cm} \times 30\mathrm{cm}$）。
6）实训总结一份。
（2）个人应上交的成果与资料
1）水准测量高程计算表一份。
2）导线坐标计算表一份。
3）施工测量方案与相关图件（可根据专业不同选择具体的内容）一份。
4）实训报告一份。

5.5.2　测量综合实训的成绩评定

（1）实训成绩的评定采用五级分制：优秀、良好、中、及格、不及格。
（2）实训成绩的评定程序：先评出小组实训成绩，小组内个人成绩以小组成绩为基准进行评定。
（3）实训成绩的评定方法：根据学生的出勤情况、实训记录、小组人员的分工配合情况、对测量知识的掌握程度以及动手能力、分析问题和解决问题的能力、完成任务的质量、所交资料及仪器工具爱护的情况、实训报告的编写水平、仪器操作考核成绩等各种情况综合评定。
（4）凡属下列情况者，均作不及格处理。
1）损坏或丢失测量仪器和工具者。
2）有意涂改或伪造原始数据或计算成果者。
3）擅离岗位、经常迟到早退者。

4）请病、事假超过实训总天数的 1/4 者。

5）未完成实训任务者。

6）抄袭他人测量数据、计算成果或描绘其他组测绘的地形图者。

7）不交成果资料和实训报告者。

8）影响他人实训造成严重后果者。

9）违反实训纪律和当地的规章制度，在当地影响较坏者。

10）水准仪、经纬仪操作考核有一项不及格者。

附　　录

附录 A　测量中常用的度量单位

测量工作中常用的度量单位有长度单位、面积单位和角度单位三种。我国的计量单位体系是国际单位制（IS），测量工作必须使用计量单位。

一、长度单位

长度的 IS 单位是"米"，以符号 m 表示。1983 年 10 月，第十七届国际计量大会（法国巴黎）规定米是光在真空中，在 1/299 792 485 s 的时间间隔内运行距离的长度。测量中常用的长度单位还有千米（km）、分米（dm）、厘米（cm）、毫米（mm）。

1m（米）= 10 dm（分米）= 100cm（厘米）= 1000mm（毫米）

1km（千米,公里）= 1000m（米）

二、面积、体积单位

测量中面积的 IS 单位是平方米，符号为 m^2。图上面积通常用平方分米（dm^2）、平方厘米（cm^2）、平方毫米（mm^2）等表示；较大范围的面积一般用公顷（ha）或平方公里（km^2）为单位表示；我国农业上还常用"市亩"作为计量单位。它们之间的换算关系是：

$1km^2$（平方公里）= $10^6 m^2$（平方米）= 100ha（公顷）

1ha（公顷）= $10000m^2$（平方米）= 15 市亩

1 市亩 = $666.7m^2$（平方米）

1 市亩 = 10 市分 = 100 市厘

测量中的体积单位一般为"立方米（m^3）"，工程上简称为"立方"或"方"。

三、角度单位

表示角度的 IS 单位是弧度，符号为 rad。测量上一般不直接用弧度为角度单位，而是以度（°）为角度单位。以度为角度单位时可以是十进制的度，也可按习惯以 60 进制的组合单位度（°）分（′）秒（″）表示（注意：这里的分秒与时间单位中的不同）。

1. 弧度

通常把弧长等于半径 R 的圆弧所对的圆心角成为一个弧度，即 1rad。如用 θ 表示圆心角的弧度值，L 表示弧长，R 为圆的半径，则有

$$\theta = \frac{L}{R}$$

圆的周长为 $2\pi R$，故圆周角为 2πrad。在国际单位制（IS）中，弧长和半径的量均为 m，因此，表示角度的弧度是一个无量纲的导出单位，其单位符号通常可以省略。

2. 度、分、秒

将一个圆周 360 等分，每一份所对圆心角称为一度，即 1°，度与分、分与秒之间以 60 进制。即

1 圆周 = 360°,　1° = 60′,　1′ = 60″

度、分、秒不是 IS 单位，但属于我国的法定计量单位，它是测量中常用的角度单位。

3. 弧度与度、分、秒的换算关系

测量计算中，有时要进行度、分、秒与弧度之间的换算，习惯上分别用 $\rho°$、ρ'、ρ'' 表示 1rad 对应的度、分、秒值，则

$$1rad = \rho° = 180°/\pi = 57.2958°$$
$$1rad = \rho' = 180°/\pi \times 60' = 3438'$$
$$1rad = \rho'' = 180°/\pi \times 60' \times 60'' = 206265''$$

4. 冈

欧洲一些国家采用的是另一种角度单位冈，符号为 gon。将圆周分成 400 等分，每一等分所对的圆心角值称为一冈，简记为 1g，更小的单位有 c(10^{-2}g) 和 cc(10^{-4}g)，也称为新度、新分、新秒。新度、新分、新秒之间以 100 进制。日本及欧美一些国家生产的电子仪器中可能采用此单位。1 圆周 = 400g(新度) 1g = 100c(新分) 1c = 100cc(新秒)

60 进制与 100 进制之间的关系是：

$$1 圆周 = 360° = 400g$$
$$1° = 1.111g \qquad 1g = 0.9°$$
$$1' = 1.852c \qquad 1c = 0.54'$$
$$1'' = 3.086cc \qquad 1cc = 0.324''$$

附录 B　常规测量仪器技术指标及用途

一、水准仪基本技术参数与用途（见附表 B-1）

附表 B-1

项　目	仪器等级	$DS_{0.5}$	DS_1	DS_3	DS_{10}
每千米水准测量高差中偶然中误差不大于/mm		±0.5	±1.0	±3.0	±10.0
望远镜放大倍数不小于/倍		42	38	28	20
望远镜物镜有效孔镜不小于/mm		55	47	38	28
管水准器（符合式）角值不大于/（"）/2mm		10	10	20	20
粗水准器角值不大于/（'）/2mm	十字形式	2	2		
	圆形			8	10
自动安平补偿性能	补偿范围/（'）	±8	±8	±8	±10
	安平精度/（"）	±0.1	±0.2	±0.5	±2
测微器	测量范围/mm	5	5	—	—
	最小分划值/mm	±0.05	±0.05	—	—
主要用途		国家一等水准测量及地震水准测量	国家二等水准测量及其他精密水准测量	国家三、四等水准测量及一般工程水准测量	一般工程水准测量

续附表 B-1

相应精度的常用仪器	$K_{oni}002$ $Ni004$ N_3 $HB-2$	$K_{oni}007$ $Ni2$ HA DS_1	$K_{oni}025$ $Ni030$ NH_2 N_2 DZS_{3-1} DS_{3-2}	$N10$ $Ni4$ $HC-2$ GK_1 DS_{10} DZS_{10}

二、经纬仪基本技术参数与用途（见附表 B-2）

附表 B-2

项　目 　　　　　仪器等级		$Dj_{0.7}$	Dj_1	Dj_2	Dj_6	Dj_{15}
室内一测回水平方向中误差不大于/($''$)		±0.6	±0.9	±1.6	±4.0	±8.0
望远镜放大倍数/倍		30× 45× 55×	24× 30× 45×	28×	20×	20×
望远镜有效孔径/mm		65	60	40	40	30
望远镜最短视距/m		3	3	2	2	1
水准器角值 /($''$)/2mm	照准部	4	6	20	30	30
	竖直度盘指标	10	19	—	—	—
	圆水准器/($'$)/2mm	8	8	8	8	8
竖直度盘指标 自动补偿器	工作范围/($'$)	—	—	±2	±2	
	安平中误差/($''$)	—	—	±0.3	±1	
刻画直径	水平度盘/mm	≥150	≥130	90	94	80
	竖直度盘/mm	90	90	70	76	60
水平度盘最小格值		0.2$''$	0.2$''$	1$''$	1$'$	1$'$
主要用途		国家一等三角测量和天文测量	国家二等三角测量及精密工程测量	三、四等三角测量，等级导线测量及一般工程测量	大比例尺地形测量及一般工程测量	一般工程测量
相应精度的仪器		T4 TP_1 Theo003 TT2/6 DJ_{07-1}	T3 DKM3A NO3 OT-02 Theo002 DJ_1	T2 Theo01 DKM2 TE-B1 TH2 OTC ST200 DJ_2	T1 Theo020 Theo030 DKM1 TE-D_1 T16 TDJ_6-E DJ_6	T0 DK TH4 CJY-1 TE-E6

附录 C 仪器操作考核

水准仪操作考核标准

序号	考核项目	技术要求	优	良	中	及格	不及格（其中一项）
1	安置	高度适中，架头大致水平	$t < 5'$，且全部达到要求	$5' < t < 6'$；或 $t < 5'$，但有视差现象或仪器安置不合适或符合水准气泡吻合不够精确	$6' < t < 8'$，且全部达到要求	$6' < t < 8'$ 且有视差现象或仪器安置不合适或符合水准气泡吻合不够精确	1）$t > 6'$； 2）气泡偏离 >1 格； 3）符合水准气泡不吻合； 4）观测程序错误； 5）记录计算或结果错误； 6）两次高差之差 >5mm
2	粗平	气泡偏离 <1 格					
3	照准	照准准确，无视差					
4	精平	符合水准气泡吻合					
5	改变仪器高法进行一个测站的观测	观测程序正确					
6	记录计算	记录计算和结果正确					
7	限差	两次高差之差 <5mm					

注：1. t—操作时间。

　　2. 两人一组，用双面尺法进行一个测站的观测。一人观测，一人记录。

经纬仪操作考核标准

序号	考核项目	技术要求	优	良	中	及格	不及格（其中一项）
1	对中	对中误差 ≤3mm	$t < 6'$，且全部达到要求	$6' < t < 8'$；或 $t < 6'$，但有视差现象	$8' < t < 10'$，且全部达到要求	$8' < t < 10'$ 且有视差现象	1）$t > 10'$； 2）对中误差 >3mm； 3）气泡偏离 >1 格； 4）观测程序错误； 5）记录计算或结果错误； 6）上下半测回互差超限
2	整平	气泡偏离 <1 格					
3	照准	准确，无视差					
4	测回法观测水平角一测回	观测程序正确					
5	记录计算	记录计算和结果正确					
6	限差	上下半测回互差 ≤40″					

注：1. t—操作时间。

　　2. 两人一组，用测回法一测回观测一个水平角。一人观测，一人记录。

附录 D　工程测量规范摘要

第一章　总　　则

第 1.0.1 条　为了统一工程测量的技术要求，及时、准确地为工程建设提供正确的测绘资料，保证其成果、成图的质量符合各个测绘阶段的要求，适应工程建设发展的需要，特制定本规范。

第 1.0.2 条　本规范适应于城镇、工矿企业、交通运输和能源等工程建设的勘测、设计施工以及生产（运营）阶段的通用性测绘工作。其内容包括控制测量、采用非摄影测量方法的 1:500~1:5000 比例尺测图、线路测量、绘图与复制、施工测量、竣工总图编绘与实例，以及变形测量。

对于测图面积大于 50km² 的 1:5000 比例尺地形图，在满足工程建设对测图精度要求的条件下，宜按国家测绘局颁发的现行有关规范执行。

第 1.0.3 条　工程测量作业前，应了解委托方对测绘工作的技术要求，进行现场踏勘，并应搜集、分析和利用已有合格资料，制定经济合理的技术方案，编写技术设计书或勘察纲要。工程进行中，应加强内、外业的质量检查。工程收尾应进行检查验收，做好资料整理、工程技术报告书或说明的编写工作。

第 1.0.4 条　对测绘仪器、工具，必须做到及时检查校正，加强维护保养、定期检修。

第 1.0.5 条　工程测量应以中误差作为衡量测绘精度的标准，二倍中误差作为极限误差。

第 1.0.6 条　对于精度要求较高的工程，当多余观测数小于 20 时，宜先用一定的置信率，采用中误差的区间估计，再结合观测条件评定观测精度。

第 1.0.7 条　各类工程的测量工作，除应按本规范执行外，尚应符合国家现行有关标准的规定。

第二章　平面控制测量

第一节　一般规定

第 2.1.1 条　平面控制网的布设，应因地制宜，既从当前需要出发，又适当考虑发展。

平面控制网的建立可采用三角测量、导线测量和三边测量等方法，对某些特殊工程可采用边角网的测量方法。

平面控制网的等级划分，三角测量、三边测量依次为二、三、四等和一、二级小三角、小三边；导线测量依次为三、四等和一、二、三级。各等级的采用，根据工程需要，均可作为测区的首级控制。

在满足本规范的精度指标的情况下，可越等级布设或同等级扩展。

第 2.1.2 条　平面控制网的坐标系统，应在满足测区内投影长度变形值不大于 2.5cm/km 的要求下，作下列选择：

一、采用统一的高斯正形投影 3°带平面直角坐标系统。

二、采用高斯正形投影 3°带或任意带平面直角坐标系统，投影面可采用 1985 年国家高程基准、测区抵偿高程面或测区平均高程面。

三、小测区可采用简易方法定向，建立独立坐标系统。

四、在已有平面控制网的地区，可沿用原有的坐标系统。

五、厂区内可采用建筑坐标系统。

（Ⅰ） 三角测量的主要技术要求

第2.1.3条 三角测量的主要技术要求，应符合表2.1.3的规定。

表 2.1.3 三角测量的主要技术要求

等 级		平均边长/km	测角中误差/（"）	起始边边长相对中误差	最弱边边长相对中误差	测回数			三角形最大闭合差/（"）
						DJ₁	DJ₂	DJ₆	
二 等		9	1	≤1/250000	≤1/120000	12			3.5
三等	首级	4.5	1.8	≤1/150000	≤1/70000	6	9		7
	加密			≤1/120000					
四等	首级	2	2.5	≤1/100000	≤1/40000	4	6		9
	加密			≤1/70000					
一级小三角		1	5	≤1/40000	≤1/20000		2	4	15
二级小三角		0.5	10	≤1/20000	≤1/10000		1	2	30

注：1. 本规范表格、公式及条文叙述中的中误差、闭合差、限差及较差均为正负值。

2. 当测区测图的最大比例尺为1/1000时，一、二级小三角的边长可适当放长，但最大长度不应大于表中规定的2倍。

第2.1.4条 三角测量的网（锁）布设，应符合下列要求：

一、各等级的首级控制网，宜布设为近似等边三角形的网（锁）。其三角形的内角不应小于30°；当受地形限制时，个别角可放宽，但不应小于25°。

二、加密的控制网，可采用插网、线形网或插点等形式。各等级插点宜采用坚强图形布设。当受条件限制时，单插点对于三等点应有不少于6个内外交会方向，其中外交会方向至少应有两个交角为60°~120°；四等点应有不少于5个内外交会方向，当图形欠佳时，其中至少应有外交会方向。双插点的交会方向数应为上述规定的2倍，但其中不应包括两待定点间的对向观测方向。当采用边角联合交会时，多余观测数必须与上述各等级插点规定相同。一、二级小三角插点的内外交会方向数不应少于4个或外交会方向数不应少于3个。

三、一、二级小三角的布设，可采用线形锁。线形锁的布设，宜近于直伸。狭长地区布设一条线形锁时，按传距角计算的图形强度的总和值，应以对数六位取值，并不得小于60。

（Ⅱ） 导线测量的主要技术要求

第2.1.5条 导线测量的主要技术要求，应符合表2.1.5的规定。

表 2.1.5 导线测量的主要技术要求

等 级	导线长度/km	平均边长/km	测角中误差/（"）	测角中误差/mm	测距相对中误差	测回数			方位角闭合差/（"）	相对闭合差
						DJ₁	DJ₂	DJ₆		
三等	14	3	1.8	20	≤1/150000	6	10		$3.6\sqrt{n}$	≤1/55000

等级	导线长度 /km	平均边长 /km	测角中误差 /(″)	测角中误差 /mm	测距相对中误差	测回数			方位角闭合差 /(″)	相对闭合差
						DJ$_1$	DJ$_2$	DJ$_6$		
四等	9	1.5	2.5	18	≤1/80000	4	6		5$\sqrt{n}$	≤1/35000
一级	4	0.5	5	15	≤1/30000		2	4	10$\sqrt{n}$	≤1/15000
二级	2.4	0.25	8	15	≤1/14000		1	3	16$\sqrt{n}$	≤1/10000
三级	1.2	0.1	12	15	≤1/7000		1	2	24$\sqrt{n}$	≤1/5000

注：1. 表中 n 为测站数。

　　2. 当测区测图的最大比例尺为 1∶1000 时，一、二、三级导线的平均边长及总长可适当放长，但最大长度不应大于表中规定的 2 倍。

第 2.1.6 条　当导线平均边长较短时，应控制导线边数，但不得超过表 2.1.5 相应等级导线长度和平均边长算得的边数；当导线长度小于表 2.1.5 规定长度的 1/3 时，导线全长的绝对闭合差不应大于 13cm。

第 2.1.7 条　导线宜布设成直伸形状，相邻边长不宜相差过大。当附合导线长度超过规定时，应布设成结点网形。结点与结点、结点与高级点之间的导线长度，不应大于本规范第 2.1.5 条中规定长度的 0.7 倍。

当导线网用作首级控制时，应布设成环形网，网内不同环节上的点不宜相距过近。

（Ⅲ）　三边测量的主要技术要求

第 2.1.8 条　各等级三边网的起始边至最远边之间的三角形个数不宜多于 10 个。三边测量的主要技术要求，应符合表 2.1.8 的规定。

表 2.1.8　三边测量的主要技术要求

等　　级	平均边长/km	测距中误差/mm	测距相对中误差
二　　等	9	36	≤1/250000
三　　等	4.5	30	≤1/150000
四　　等	2	20	≤1/100000
一级小三边	1	25	≤1/40000
二级小三边	0.5	25	≤1/20000

第 2.1.9 条　各等级三边网的边长宜近似相等，其组成的各内角宜为 30°～100°。当受条件限制时，个别角可放宽，但不应小于 25°；当图形欠佳时，应增测对角线边。

第 2.1.10 条　四等以上的三边网，宜在网中选择接近 100° 的角，以相应等级三角测量的测角精度进行观测作为检核，其检核的限差，应符合本规范第 2.5.4 条的规定。

第2.1.11条　当以测边方法进行交会插点时，至少应有一个多余观测，根据多余观测与必要观测算得的纵、横坐标差值，不应大于 3.5cm。

第二节　水平角观测

第2.2.1条　水平角观测所用的光学经纬仪，在作业前，应进行下列项目的检验：

一、照准部旋转轴正确，各位置气泡读数较差，DJ$_1$ 型仪器不应超过两格，DJ$_2$ 型仪器不应超过一格。

二、光学测微器行差及隙动差，DJ$_1$ 型仪器不应大于 1″，DJ$_2$ 型仪器不应大于 2″。

三、水平轴不垂直于垂直轴之差，DJ$_1$ 型仪器不应超过 10″，DJ$_2$ 型仪器不应超过 15″。

四、垂直微动螺旋使用时，视准轴在水平方向上不产生偏移。

五、仪器的底部在照准部旋转时，无明显位移。

六、光学对点器的对中误差，不应大于 1mm。

第2.2.2条　水平角观测前或观测后，应测定归心元素。测定时，投影示误三角形的最长边，对于标石、仪器，中心的投影不应大于 5mm。对于准圆筒，中心的投影不应大于 10mm。投影完毕后，除标石中心外，其他各投影中心均应描绘两个观测方向。角度元素应量至 15′，长度元素应量至 1mm。

第2.2.3条　水平角观测宜采用方向观测法。当方向数不多于 3 个时，可不归零。各测回间度盘和测微器位置的变换，应按本规范执行。

二等三角点水平角观测可采用全组合测角法。

第2.2.4条　当测站的方向总数超过 6 个时，可进行分组观测。分组观测应包括两共同方向（其中一个为共同零方向）。其两组观测角值之差，不应大于同等级测角中误差的 2 倍。分组观测的最后结果，应按等权分组观测进行测站平差。

第2.2.5条　水平角观测过程中，气泡中心位置偏离整置中心不宜超过 1 格。四等以上的水平角观测，当观测方向的垂直角超过 ±3° 的范围时，宜在测回间重新整置气泡位置。

第2.2.6条　水平角方向观测法的技术要求，不应超过表 2.2.6 的规定。

表 2.2.6　水平角方向观测法的技术要求

等　　级	仪器型号	两次重合读数较差 /(″)	半测回归零差 /(″)	一测回中 2 倍照准差变动范围	同一方向值各测回较差/（″）
四等及以上	DJ$_1$	1	6	9	6
	DJ$_2$	3	8	13	9
一级及以下	DJ$_2$		12	18	12
	DJ$_6$		18		24

注：1. 当观测方向的垂直角超过 ±3° 的范围时，该方向 2 倍照准差的变动范围，可按相邻测回同方向进行比较。

　　2. 高山区二、三等三角网点的水平角观测，当垂线偏差和垂直角较大时，其水平方向观测值应进行垂线偏差的修正。

第2.2.7条　四等以上导线水平角的观测，应在观测总测回中以奇数测回和偶数测回分别观测导线前进方向的左角和右角。左角平均值与右角平均值之和，应等于 360°，其误差值不应大于测角中误差的 2 倍。

第2.2.8条　水平角观测误差超限时，应在原来度盘位置上进行重测，并应符合下列规定：

一、2 倍照准差变动范围或各测回较差超限时，应重测超限方向，并联测零方向。

二、下半测回归零差或零方向的 2 倍照准差变动范围超限时，应重测该测回。

三、若一测回中重测方向数超过总方向数的 1/3 时，应重测该测回。当重测的测回数超过总测回数的 1/3 时，应重测该站。

第 2.2.9 条　首级控制网定向时，方位角传递宜联测 2 个已知方向。其水平角观测应按首级网的有关规定执行。

第 2.2.10 条　水平角观测结束后，测角中误差应按下列公式计算：

一、三角网测角中误差

$$m_\beta = \sqrt{\frac{[WW]}{3n}}$$

式中　m_β——测角中误差，($''$)；

　　　W——三角表闭合差，($''$)；

　　　n——三角形的个数。

二、导线（网）测角中误差

$$m_\beta = \sqrt{\frac{1}{N}\left[\frac{f_\beta f_\beta}{n}\right]}$$

式中　f_β——附合导线或闭合导线环的方位角闭合差，($''$)；

　　　n——计算 f_β 时的测站数；

　　　N——附合导线或闭合导线环的个数。

第三节　距离测量

（Ⅰ）　电磁波测距

第 2.3.1 条　本节电磁波测距各项指标适用于中、短程红外测距仪。中、短程的划分，短程为 3km 下；中程为 3～15km。

第 2.3.2 条　电磁波测距仪按标称精度分级，其级别的划分应符合下列规定：

一、仪器的标称精度表达式为

$$m_D = (a + b \cdot D)$$

式中　m_D——测距中误差，mm；

　　　a——标称精度中的固定误差，mm；

　　　b——标称精度中的比例误差系数，mm/km；

　　　D——测距长度，km。

二、当测距长度为 1km 时，仪器精度分别为

Ⅰ 级：$|m_D| \leqslant 5$

Ⅱ 级：$5 < |m_D| \leqslant 10$

Ⅲ 级：$10 < |m_D| \leqslant 20$

第 2.3.3 条　电磁波测距仪及辅助工具的检校，应符合下列规定：

一、新购置的仪器或大修后，应进行全面检校。

二、测距使用的气象仪表，应送气象部门按有关规定检测。

当在高海拔地区使用空盒气压计时，宜送当地气象台（站）校准。

第 2.3.4 条　选择测距边，应符合下列要求：

一、测距边宜选在地面覆盖物相同的地段，不宜选在烟囱、散热塔、散热池等发热体的上空。

二、测线上不应有树枝、电线等障碍物，四等及以上的测线，应离开地面或障碍物 1.3m 以上。

三、测线应避开高压线等强电磁场的干扰。

四、测距边的测线倾角不宜太大。

第 2.3.5 条　测距的作业，应有下列要求：

一、测边时应在成像清晰和气象条件稳定时进行，雨、雪和大风天气不宜作业，不宜顺光、逆光观测，严禁将仪器照准头对准太阳。

二、当反光镜背影方向有反射物时，应在反光镜后方遮上黑布。

三、测距过程中，当视线被遮挡出现粗差时，应重新启动测量。

四、当观测数据超限时，应重测整个测回。当观测数据出现分群时，应分析原因，采取相应措施重新观测。

五、温度计宜采用通风干湿温度计，气压表宜选用高原型空盒气压表。

六、当测四等级以上的边时，应量取两端点的测边始末的气象数据，计算时应取平均值。测量温度时应量取空气温度，通风干湿温度计应悬挂在离开地面和人体 1.5m 以外的地方，其读数取值精确至 0.2℃。气压表应置平，指针不应滞阻，其读数取值精确至 50Pa。

七、当测距边用三角高程测定的高差进行倾斜修正时，垂直角的观测和对向观测较差要求，可按本规范中五等三角高程测量的有关规定放宽 1 倍执行。

八、当测高精度边和长边时，应符合下列规定：

1. 宜选在日出后 1 小时左右或日落前 1 小时左右时间内观测。

2. 宜采用"电照准"。

3. 应在启动仪器 3min 后观测。

第 2.3.6 条　测距的主要技术要求，应符合表 2.3.6 的规定。

表 2.3.6　测距的主要技术要求

平面控制网精度等级	测距仪精度等级	观测次数		总测回数	一测回读数较差/mm	单程各测回较差/mm	往返较差
		往	返				
二、三等	I	1	1	6	≤5	≤7	≤2(a+b·D)
	II			8	≤10	≤15	
四等	I	1	1	4~6	≤5	≤7	
	II			4~8	≤10	≤15	
一级	II	1		2	≤10	≤15	
	III			4	≤20	≤30	
二、三级	II	1		1~2	≤10	≤15	
	III			2	≤20	≤30	

注：1. 测回是指照准目标一次，读数 2~4 次的过程。

　　2. 根据具体情况，测边可采取不同时间段观测代替往返观测。

第 2.3.7 条　测距边的水平距离计算，应符合下列要求：

一、气象改正，应按所给定的图表或公式进行。

二、加、乘常数的改正，应根据仪器检测结果进行。

三、测距仪与反光镜的平均高程面上的水平距离，应按下式计算：

$$D_P = \sqrt{s^2 - h^2}$$

式中　D_p——水平距离，mm；

　　　s——经气象及加、乘常数等改正后的斜距，m；

　　　h——仪器与反光镜之间的高差，m。

（Ⅱ）　普通钢尺测距

第 2.3.8 条　普通钢尺测距的主要技术要求，应符合表 2.3.8 规定。

表 2.3.8　普通钢尺测距的主要技术要求

边长丈量较差相对误差	作业尺数	丈量总次数	定线最大偏差 /mm	尺段高差较差 /mm	读定次数	估读值至 /mm	温度读数值至 /℃	同尺各次或同段各尺的较差 /mm
1/30000	2	4	50	≤5	3	0.5	0.5	≤2
1/20000	1～2	2	50	≤10	3	0.5	0.5	≤2
1/10000	1～2	2	70	≤10	2	0.5	0.5	≤3

注：当检定钢尺时，其丈量的相对误差不应大于 1/100000。

第三章　高程控制测量

第一节　一般规定

第 3.1.1 条　测区的高程系统，宜采用国家高程基准。在已有高程控制网的地区进行测量时，可沿用原高程系统；当小测区联测有困难时，亦可采用假定高程系统。

第 3.1.2 条　高程控制测量，可采用水准测量和电磁波测距三角高程测量。高程控制测量等级的划分，应依次分为二、三、四、五等。各等级视需要，均可作为测区的首级高程控制。

第 3.1.3 条　首级网应布设成环形网。当加密时，宜布设成附合路线或结点网。

第二节　水准测量

第 3.2.1 条　水准测量的主要技术要求，应符合表 3.2.1 的规定。

表 3.2.1　水准测量的主要技术要求

等级	每千米高差全中误差 /mm	路线长度 /km	水准仪的型号	水准尺	观测次数		往返较差、附合或环线环线闭合差	
					与已知点联测	附合或环线	平地/mm	山地/mm
二等	2	—	DS₁	因瓦	往返各一次	往返各一次	$4\sqrt{L}$	—

等级	每千米高差全中误差/mm	路线长度/km	水准仪的型号	水准尺	观测次数		往返较差、附合或环线环线闭合差	
					与已知点联测	附合或环线	平地/mm	山地/mm
三等	6	≤50	DS$_1$	因瓦	往 返各一次	往一次	12$\sqrt{L}$	4$\sqrt{n}$
			DS$_3$	双面		往 返各一次		
四等	10	≤16	DS$_3$	双面	往 返各一次	往一次	20$\sqrt{L}$	6$\sqrt{L}$
五等	15		DS$_3$	单面	往 返各一次	往一次	30$\sqrt{L}$	

注：1. 结点之间或结点与高级点之间，其路线的长度不应大于表中规定的 0.7 倍。

2. L 为往返测段中附合或环线的水准路线长度（km），n 为测站数。

第 3.2.2 条　水准测量所使用的仪器及水准尺，应符合下列规定：

一、水准仪视准轴与水准管轴夹角，DS$_1$ 型不应超过 15″，DS$_3$ 型不应超过 20″。

二、水准尺上的米间隔平均长与名义长之差，对于因瓦水准尺，不应超过 0.15mm；对于双面水准尺，不应超过 0.5mm。

三、二等水准测量采用补偿式自动安平水准仪时，其补偿误差 Δα 不应超过 0.2″。

第 3.2.3 条　水准点应选在土质坚硬、便于长期保存和使用方便的地点。墙水准点应选设于稳定的建筑物上，点位应便于寻找、保存和引测。一个测区及其周围至少应有 3 个水准点。水准点间的距离，一般地区应为 1 ~ 3km，工厂区宜小于 1km。

第 3.2.4 条　各等级的水准点，应埋设水准标石。标志及标石的埋设规格，应按规范执行。

第 3.2.5 条　各等级的水准点，应绘制点标记，必要时设置指示桩。

第 3.2.6 条　水准观测应在标石埋设稳定后进行，其主要技术要求应符合表 3.2.6 的规定。

表 3.2.6　水准观测的主要技术要求

等级	水准仪的型号	视线长度/m	前后视较差/m	前后视累计差/m	视线离地面最低高度/m	基本分划、辅助分划或黑面红面读数较差/mm	基本分划、辅助分划或黑面红面所测高差较差/mm
二 等	DS$_1$	50	1	3	0.5	0.5	0.7
三 等	DS$_1$	100	3	6	0.3	1.0	1.5
	DS$_3$	75				2.0	3.0
四 等	DS$_3$	100	5	10	0.2	3.0	5.0
五 等	DS$_3$	100	大致相等				

注：1. 二等水准视线长度小于 20m 时，其视线高度不应低于 0.3m。

2. 三、四等水准采用变动仪器高度观测单面水准尺时，所测两次高差较差应与黑面、红面所测高差之差的要求相同。

第 3.2.7 条　两次观测高差超限时应重测。二等水准应选取两次异向合格的结果。当重测结果与原测结果分别比较，其较差均不超过限值时，应取三次结果的平均数。

第 3.2.8 条　水准测量的内业计算，应符合下列规定：

一、平差前每条水准路线若分测段进行施测时，应按水准路线往返测段高差较差计算，每千米水准测量高差偶然中误差，应按下式计算：

$$M_{\Delta} = \sqrt{\frac{1}{4N}\left[\frac{\Delta\Delta}{L}\right]}$$

式中　M_{Δ}——高差偶然中误差，mm；

Δ——水准路线测段往返高差不符值，mm；

L——水准测段长度，km；

N——往返测的水准路线测段数。

M_{Δ} 的绝对值不应超过本规范表 3.2.1 规定的各等级每千米高差全中误差的 1/2。

二、每条水准路线应按附合路线和环形闭合差计算，每千米水准测量高差全中误差应按下式计算：

$$M_{W}\sqrt{\frac{1}{N}\left[\frac{WW}{L}\right]}$$

式中　M_{W}——高差全中误差，mm；

W——闭合差，mm；

L——计算各 W 时，相应的路线长度，km；

N——附合路线或闭合路线环的个数。

三、当二、三等水准测量与国家水准点附合时，高山地区除应进行正常位水准面不平行修正外，尚应进行其重力异常的归算修正。

四、各等水准网的计算，应按最小二乘法原理，采用条件观测平差或间接观测平差，并应计算每千米高差全中误差。

五、内业计算最后成果的取值：二等水准应精确至 0.1mm，三、四、五等水准应精确至 1mm。

第三节　电磁波测距三角高程

第 3.3.1 条　三角高程控制，宜在平面控制点的基础上布设成三角高程网或高程导线。

第 3.3.2 条　四等水准应起讫于不低于三等水准的高程点上，五等水准应起讫于不低于四等的高程点上，其边长均不应超过 1km，边数不应超过 6 条，当边长不超过 0.5KM 或单纯作高程控制时，边数可增加 1 倍。

第 3.3.3 条　电磁波测距三角高程测量的主要技术要求，应符合表 3.3.3 的规定。

表 3.3.3　电磁波测距三角高程测量的主要技术要求

等　级	仪器	测　回　数		指标差较差 /(″)	垂直角较差 /(″)	对向观测高差较差/mm	附合或环形闭合差 /mm
		三丝法	中丝法				
四　等	DJ$_2$		3	≤7	≤7	$40\sqrt{D}$	$20\sqrt{\sum D}$
五　等	DJ$_2$	1	2	≤10	≤10	$60\sqrt{D}$	$30\sqrt{\sum D}$

注：D 为电磁波测距边长度（km）。

第 3.3.4 条 对向观测宜在较短时间内进行。计算时，应考虑地球曲率和折光差的影响。

第 3.3.5 条 三角高程的边长的测定，应采用不低于 Ⅱ 级精度的测距仪。四等应采用往返各一测回；五等应采用一测回。

第 3.3.6 条 仪器高度、反射镜高度或觇牌高度，应在观测前后量测。四等应采用测杆量测，取其值精确至 1mm，当较差不大于 2mm 时，取用平均值；五等量测，其取值精确至 1mm，当较差不大于 4mm 时，取用平均值。

第 3.3.7 条 四等垂直角观测宜采用觇牌为照准目标。每照准一次，读数两次。两次读数较差不应大于 3″。

第 3.3.8 条 当做内业计算时，垂直角度的取值应精确至 0.1″，高程的取值应精确至 1mm。

第 3.3.9 条 当采用一、二级小三角测量，在一般地区进行 1/1000 ~ 1/5000 比例尺测图的控制时，可采用经纬仪三角高程，其施测的主要技术要求，可按本规范第 3.3.3 条五等的有关规定执行。

第四章 施 工 测 量

第一节 一般规定

第 4.1.1 条 本章适用于工业与民用建筑及水工建筑的施工测量。

第 4.1.2 条 施工的控制，可利用原区域内的平面与高程控制网，作为建筑物、构筑物定位的依据。当原区域内的控制网不能满足施工测量的技术要求时，应另测设施工控制网。

第 4.1.3 条 施工的平面控制网，应符合下列规定：

一、施工平面控制网的坐标系统，应与工程设计所采用的坐标系统相同。

二、当利用原有的平面控制网时，其精度应满足需要；投影所引起的长度变形，不应超过 1/40000；当超过时，应进行换算。

三、当原控制网精度不能满足需要时，可选用原控制网中个别点作为施工平面控制网坐标和方位的起算数据。

第 4.1.4 条 控制网点，应根据总平面图和施工总布置图设计。

第二节 施工控制测量

（Ⅰ） 场区平面控制

第 4.2.1 条 场区的平面控制网，可根据场区地形条件和建筑物、构筑物的布置情况，布设成建筑方格网、导线网、三角网或三边网。

第 4.2.2 条 场区的平面控制网，应根据等级控制点进行定位、定向和起算。

第 4.2.3 条 场区平面控制网的等级和精度，应符合下列规定：

一、建筑场地大于 1km² 或重要工业区，宜建立相当于一级导线精度的平面控制网。

二、建筑场地小于 1km² 或一般性建筑区，可根据需要建立相当于二、三级导线精度的平面控制网。

三、当原有控制网作为场区控制网时，应进行复测检查。

第 4.2.4 条 建筑方格网的主要技术要求，应符合表 4.2.4 的规定。

表 4.2.4　建筑方格网的主要技术要求

等　级	边长/m	测角中误差/(″)	边长相对中误差
Ⅰ级	100～300	5	≤1/30000
Ⅱ级	100～300	8	≤1/20000

第 4.2.5 条　建筑方格网的首极控制，可采用轴线法或布网法，其施测的主要技术要求应符合下列规定。

一、轴线法。

1. 轴线宜位于场地的中央，与主要建筑物平行；长轴线上的定位点，不得少于 3 个；轴线点的点位中误差，不应大于 5cm。

2. 放样后的主轴线点位，应进行角度观测，检查直线度；测定交角的测角中误差，不应超过 2.5″；直线度的限差，应在 180°±5″以内。

3. 轴交点，应在长轴线上丈量全长后确定。

4. 短轴线，应根据长轴线定向后测定，其测量精度应与长轴线相同，交角的限差应在 90°±5″以内。

二、布网法，宜增测对角线的三边网，其测量精度，不应低于本规范中 2.1.8 条中四等三边网的规定。

第 4.2.6 条　标桩的埋设深度，应根据地冻线和场地平整的设计标高确定。

第 4.2.7 条　建筑方格网的测量，应符合下列规定：

一、角度观测可采用方向观测法，其主要技术要求，应符合表 4.2.7-1 的规定。

表 4.2.7-1　角度观测的主要技术要求

方格网等级	经纬仪型号	测角中误差/(″)	测回数	测微器两次读数差/(″)	半测回归零差/(″)	一测回中两倍照准差变动范围/(″)	各测回方向较差/(″)
Ⅰ级	DJ₁	5	2	≤1	≤6	≤9	≤6
	DJ₂	5	3	≤3	≤8	≤13	≤9
Ⅱ级	DJ₂	8	2		≤12	≤18	≤12

二、当采用电磁波测距仪测定边长时，应对仪器进行检测，采用仪器的等级及总测回数，应符合表 4.2.7-2 的规定。

三、方格网点平差后，应确定归化数据，并在实地标板上修正至设计位置。

四、建筑方格网竣工后，应经过实地复测检查，方能提供给委托单位。

表 4.2.7-2　采用仪器的等级及总测回数

方格网等级	仪器分级	总测回数	方格网等级	仪器分级	总测回数
Ⅰ级	Ⅰ、Ⅱ级	4	Ⅱ级	Ⅱ级	2

第 4.2.8 条　当采用小三角网作为场区控制网时，边长宜为 0.2～0.4km；测角中误差不应超过 8″；最弱边边长的相对中误差，不应大于 1/20000。

第 4.2.9 条　当采用小三边网作为场区控制网时，边长宜为 0.2～0.6km；测边的相对中误差，不应大于 1/40000。

第 4.2.10 条 小三角、小三边测量的其他技术要求，宜按本规范第二章的有关规定执行。

（Ⅱ） 建筑物的平面控制

第 4.2.11 条 建筑物的平面控制网，可按建筑物、构筑物特点，布设成十字轴线或矩形控制网。矩形网可采用导线法或增测对角线的测边法测定。

第 4.2.12 条 建筑物的控制网，应根据场区控制网进行定位、定向和起算。

第 4.2.13 条 建筑物的控制网，应根据建筑物结构、机械设备传动性能及生产工艺连续程度，分别布设一级或二级控制网，其主要技术要求，应符合表 4.2.13 的规定。

表 4.2.13 建筑物控制网的主要技术要求

等 级	边长相对中误差	测角中误差	等 级	边长相对中误差	测角中误差
一级	1/30000	$7\sqrt{n}''$	二级	1/15000	$15\sqrt{n}''$

注：n 为建筑物结构的跨数。

第 4.2.14 条 建筑物的控制测量，应符合下列规定：

一、控制网应按设计总图和施工总布置图布设，点位应选择在通视良好、利于长期保存的地方。

二、控制网加密的指示桩，宜选在建筑物行列线或主要设备中心线方向上。

三、主要的控制网点和主要设备中心线端点应埋设混凝土固定标桩。

四、控制网轴线起始点的测量定位误差，不应低于同级控制网的要求，允许误差宜为 2cm；两建筑物（厂房）间有联动关系时，允许误差宜为 1cm，定位点不得少于 3 个。

五、角度观测可采用方向观测法；其测回数应根据测角中误差的大小，按表 4.2.14 确定。

六、矩形网的角度闭合差，不应大于测角中误差的 4 倍。

七、当采用钢尺丈量距离时，一级网的边长应以二测回测定；二级网的边长应以一测回测定。长度应进行温度、坡度和尺长修正。钢尺量距的主要技术要求应按本规范第二章第四节的有关规定执行。

表 4.2.14 角度观测的测回数

测角中误差		2.5″	3.5″	4.0″	5″	10″
测回数	DJ$_1$	4	3	2		
	DJ$_2$	6	5	4	3	1

八、矩形网应按平差结果进行实地修正，调整到设计位置。当增设轴线时，可采用现场改点法进行配赋调整。

九、点位修正后，应进行矩形网角度的检测。

第 4.2.15 条 建筑物的围护结构封闭前，应根据施工需要将建筑物外部控制转移至内部；内部的控制点宜设置在已建成的建筑物、构筑物的预埋测量标板上。当由外部控制向建筑物内部引测时，其投点误差一级不应超过 2mm；二级不应超过 3mm。

（Ⅲ） 高程控制

第 4.2.16 条 场区的高程控制网，应布设成闭合环线、附合路线或结合网形。高程测量的精度，不宜低于三等水准的精度；其主要技术要求，应按本规范第三章第二节的有关规定执行。

第 4.2.17 条　场地水准点的间距，宜小于 1km。距离建筑物、构筑物不宜小于 25m；距离回填土边线不宜小于 15m。

第 4.2.18 条　建筑物高程控制的水准点，可单独埋设在建筑物的平面控制网的标桩上，也可利用场地附近的水准点，其间距宜在 200m 左右。

第 4.2.19 条　当施工中水准点标桩不能保存时，应将其高程引测至稳固的建筑物或构筑物上，引测的精度，不应低于原有水准的等级要求。

第三节　工业与民用建筑施工放样

第 4.3.1 条　工业与民用建筑的施工放样，应具备下列资料：

一、总平面图。

二、建筑物的设计与说明。

三、建筑物、构筑物的轴线平面图。

四、建筑物的基础平面图。

五、设备的基础图。

六、土方的开挖图。

七、建筑物结构图。

八、管网图。

第 4.3.2 条　测设各工序间的中心线，宜符合下列规定：

一、当利用建筑物的控制网测设中心线时，其端点应根据建筑物控制网相邻的距离指标桩，以内分法测定。

二、进行中心线投点时，经纬仪的视线应根据中心线两端点决定；当无可靠校核条件时，不得采用测设直角的方法进行投点。

第 4.3.3 条　在施工的建筑物或构筑物外围，应建立线板或控制桩。线板应注记中心线编号，并测设标高，线板和控制桩应注意保存。

第 4.3.4 条　施工测量人员在大型设备基础浇注过程中，应及时看守观测，当发现位置标高与施工要求不符时，应立即通知施工人员，及时处理。

第 4.3.5 条　建筑物施工放样的主要技术要求应符合表 4.3.5 的规定。

表 4.3.5　建筑物施工放样的主要技术要求

建筑物结构特征	测距相对中误差	测角中误差 /（"）	在测站上测定高差中误差 /mm	根据起始水平面在施工水平面上测定高程中误差/mm	竖向传递轴线点中误差 /mm
金属结构、装配式钢筋混凝土结构、建筑物高度 100～120m 或跨度 30～36m	1/20000	5	1	6	4
15 层房屋、建筑物高度 60～100m 或跨度 18～30m	1/10000	10	2	5	3

续表 4.3.5

建筑物结构特征	测距相对中误差	测角中误差/ (″)	在测站上测定高差中误差/mm	根据起始水平面在施工水平面上测定高程中误差/mm	竖向传递轴线点中误差/mm
5~15 层房屋、建筑物高度 15~60m 或跨度 6~18m	1/5000	20	2.5	4	2.5
5 层房屋、建筑物高度 15m 或跨度 6m 及以下	1/3000	30	3	3	2
木结构、工业管线或公路铁路专用线	1/2000	30	5		
土工竖向整平	1/1000	45	10		

注：1. 对于具有两种以上特征的建筑物，应取要求高的中误差值。

2. 特殊要求的工程项目，应根据设计对限差的要求，确定其放样精度。

第 4.3.6 条 结构安装测量工作开始前，必须熟悉设计图，掌握限差要求，并制定作业方法。

第 4.3.7 条 柱子、桁架或梁的安装测量允许偏差，应符合表 4.3.7 的规定。

表 4.3.7 柱子、桁架或梁的安装测量允许偏差

测量内容	允许偏差/mm	测量内容	允许偏差/mm
钢柱垫板标高	±2	桁架和实腹梁、桁架和钢架的支承结点间相邻高差的偏差	±5
钢柱标高 ±0 检查	±2		
混凝土柱（预制）±0 标高	±3	梁间距	±3
混凝土柱、钢柱垂直度	±3	梁面垫板标高	±2

注：当柱高大于 10m 或一般民用建筑的混凝土柱、钢柱垂直度，可适当放宽。

第 4.3.8 条 构件预装测量的允许偏差，应符合表 4.3.8 的规定。

表 4.3.8 构件预装测量的允许偏差

测量内容	测量的允许偏差/mm	测量内容	测量的允许偏差/mm
平台面抄平	±1	预装过程中的抄平工作	±2
纵横中心线的正交度	±0.8$\sqrt{l}$		

注：l 为自交点起算的横向中心线长度（mm），不足 5m 时，以 5m 计。

第四节 灌注桩、界桩与红线测量

第 4.4.1 条 灌注桩应根据设计数据进行定位测量，其定位误差不宜大于 5cm。当精度要求较高，需建立灌注桩矩形控制网时，其技术要求应符合表 4.4.1 的规定。

表 4.4.1 灌注桩矩形控制网的技术要求表

平均边长/m	量距相对中误差	导线相对闭合差	DJ₂测回数	测角中误差/ (″)	多边形方位闭合差/ (″)	高程闭合差/mm
≤100	≤1/20000	1/10000	2	10	20$\sqrt{n}$	10$\sqrt{n}$

注：导线全长小于 200m 时，其绝对值闭合差不应大于 20mm。

第4.4.2条　灌注桩矩形控制网定位点，不应少于 3 个。调整限差在 $180° \pm 10''$ 和 $90° \pm 10''$ 以内。丈量距离应采用不低于 Ⅱ 级精度的电磁波测距仪，往返各一次测定。

第4.4.3条　各灌注桩均应在矩形控制网下，采用内分法测定。

第4.4.4条　界桩点、红线点定位及高程测量，可按本规范中有关细部点测量的技术要求执行。

第五章　竣工总图的编绘与实测

第一节　一般规定

第5.1.1条　本章竣工总图系指在施工后，施工区域内地上、地下建筑物及构筑物的位置和标高等的编绘与实测图纸。

第5.1.2条　对于地下管道及隐蔽工程，回填前应实测其位置及标高，作出记录，并绘制草图。

第5.1.3条　竣工总图的比例尺，宜为 1/500。其坐标系统、图幅大小、注记、图例符号及线条，应与原设计图一致。原设计图没有的图例符号，可使用新的图例符号，并应符合现行总平面图设计的有关规定。

第5.1.4条　竣工总图应根据现有资料，及时编绘。重新编绘时，应做详细的实地检核。对不符之处，应实测其位置、标高及尺寸，按实测资料绘制。

第5.1.5条　竣工总图编绘完后，应经原设计及施工单位技术负责人审核、会签。

第二节　竣工总图的编绘

第5.2.1条　工业与民用建筑竣工总图的编绘，应符合下列规定：

一、总平面及交通运输竣工图

1. 应绘出地面的建筑物、构筑物、公路、铁路、地面排水沟渠、树木绿化等设施。

2. 矩形建筑物、构筑物在对角线两端外墙轴线交点，应注明两点以上坐标。

3. 圆形建筑物、构筑物，应注明中心坐标及接地外半径。

4. 所有建筑物都应注明室内地坪标高。

5. 公路中心的起终点、交叉点，应注明坐标及标高，弯道应注明交角、半径及交点坐标，路面应注明材料及宽度。

6. 铁路中心线的起终点、曲线交点，应注明坐标，在曲线上应注明曲线的半径、切线长、曲线长、外矢距、偏角诸元素；铁路的起终点、变坡点及曲线的内轨轨面应注明标高。

二、给、排水管道竣工图

1. 给水管道：应绘出地面给水建筑物、构筑物及各种水处理设施。在管道的结点处，当图上按比例绘制有困难时，可用放大详图表示。管道的起终点、交叉点、分支点，应注明坐标；变坡处应注明标高；变径处应注明管径及材料；不同型号的检查井应绘详图。

2. 排水管道：应绘出污水处理构筑物、水泵站、检查井、跌水井、水封井、各种排水管道、雨水口、排出水口、化粪池以及明渠、暗渠等。检查井应注明中心坐标、出入口管底标高。井底标高、井台标高、管道应注明管径、材料、坡度。对不同类型的检查井应绘出详图。此外，还应绘出有关建筑物及铁路、公路。

三、动力、工艺管道竣工图

1. 应绘出管道及有关的建筑物、构筑物，管道的交叉点、起终点，应注明坐标及标高、管径及材料。

2. 对于地沟埋设的管道，应在适当地方绘出地沟断面，表示出沟的尺寸及沟内各种管道的位置。此外，还应绘出有关的建筑物、构筑物及铁路、公路。

四、输电及通讯线路竣工图

1. 应绘出总变电所、配电站、车间降压变电所、室外变电装置、柱上变压器、铁塔、电杆、地下电缆检查井等。

2. 通讯线路应绘出中继站、交接箱、分线盒（箱）、电杆、地下通讯电缆入孔等。

3. 各种线路的起终点、分支点、交叉点的电杆应注明坐标；线路与道路交叉处应注明净空高。

4. 地下电缆应注明深度或电缆沟的沟底标高。

5. 各种线路应注明线径、导线数、电压等数据，各种输变电设备应注明型号、容量。

6. 应绘出有关的建筑物、构筑物及铁路、公路。

五、综合管线竣工图

1. 应绘出所有的地上、地下管道，主要建筑物、构筑物及铁路、道路。

2. 在管道密集处及交叉处，应用剖面图表示其相互关系。

第 5.2.2 条　其他工程的竣工总图，应按该工程的要求编绘。

第六章　变 形 测 量

第一节　一般规定

第 6.1.1 条　本章适用于工业与民用建筑物、构筑物、建筑场地、地基基础、中（小）型水坝，以及测量精度要求与本规范相适应的其他变形测量。

第 6.1.2 条　大型或重要工程建筑物、构筑物，在工程设计时，应对变形测量统筹安排。施工开始时，即应进行变形测量。

第 6.1.3 条　变形测量点，宜分为基准点、工作基点和变形观测点。其布设应符合下列要求：

一、每个工程至少应有 3 个稳固可靠的点作为基准点；

二、工作基点应选在比较稳定的位置。对通视条件较好或观测项目较少的工程，可不设立工作基点，在基准点上直接测定变形观测点；

三、变形观测点应设立在变形体上能反映变形特征的位置。

第 6.1.4 条　变形测量的等级划分及精度要求，应符合表 6.1.4 的规定。

表 6.1.4　变形测量的等级划分及精度要求

变形测量等级	垂直位移测量		水平位移测量	适 用 范 围
	变形点的高程中误差/mm	相邻变形点高差中误差/mm	变形点的点位中误差/mm	
一等	±0.3	±0.1	±1.5	变形特别敏感的高层建筑、工业建筑、高耸构筑物、重要古建筑、精密工程设施等

变形测量等级	垂直位移测量		水平位移测量	适 用 范 围
	变形点的高程中误差/mm	相邻变形点高差中误差/mm	变形点的点位中误差/mm	
二 等	±0.5	±0.3	±3.0	变形比较敏感的高层建筑、高耸构筑物、古建筑、重要工程设施和重要建筑场地的滑坡监测等
三 等	±1.0	±0.5	±6.0	一般性的高层建筑、工业建筑、高耸构筑物、滑坡监测等
四 等	±2.0	±1.0	±12.0	观测精度要求较低的建筑物、构筑物和滑坡监测等

注：1. 变形点的高程中误差和点位中误差，系相对于最近基准点而言。

2. 当水平位移变形测量用坐标向量表示时，向量中误差为表中相应等级点位中误差的 $1/\sqrt{2}$。

3. 垂直位移的测量，可视需要按变形点的高程中误差或相邻变形点高差中误差确定测量等级。

第6.1.5条 变形测量的观测周期，应根据建筑物、构筑物的特征、变形速率、观测精度要求和工程地质条件等因素综合考虑。观测过程中，根据变形量的变化情况，应适当调整。

第6.1.6条 每次变形观测时，宜符合下列要求：

一、采用相同的图形（观测路线）和观测方法；

二、使用同一仪器和设备；

三、固定观测人员；

四、在基本相同的环境和条件下工作。

第6.1.7条 平面和高程监测网，应定期检测。建网初期，宜每半年检测一次；点位稳定后，检测周期可适当延长。当对变形成果发生怀疑时，应随时进行检核。

第6.1.8条 每次观测前，对所使用的仪器和设备，应进行检验校正，作出详细记录。

第二节 水平位移监测网

第6.2.1条 水平位移的监测网，可采用三角网、导线网、边角网、三边网和轴线等形式。当采用轴线控制时，轴线两端应分别建立检核点。

第6.2.2条 水平位移的监测网，宜采用独立坐标系统，并进行一次布网。

第6.2.3条 控制点宜采用有强制归心装置的观测墩；照准标志宜采用强制对中装置的觇牌。

第6.2.4条 水平位移监测网的主要技术要求，应符合表6.2.4的规定。

表 6.2.4 水平位移监测网的主要技术要求

等 级	相邻基准点的点位中误差/mm	平均边长/m	测角中误差/(″)	最弱边相对中误差	作 业 要 求
一 等	1.5	<300	±0.7	≤1/250000	宜按国家一等三角要求观测
		<150	±1.0	≤1/120000	宜按本规范二等三角要求观测

等　级	相邻基准点的点位中误差/mm	平均边长/m	测角中误差/(″)	最弱边相对中误差	作业要求
二　等	3.0	<300	±1.0	≤1/120000	宜按本规范二等三角要求观测
		<150	±1.8	≤1/70000	宜按本规范三等三角要求观测
三　等	6.0	<350	±1.8	≤1/70000	宜按本规范三等三角要求观测
		<200	±2.5	≤1/40000	宜按本规范四等三角要求观测
四　等	12.0	<400	±2.5	≤1/40000	宜按本规范四等三角要求观测

注：表中未考虑起始误差的影响。

第 6.2.5 条　在设计水平位移的监测网时，应进行精度预估，选用最优方案。

第 6.2.6 条　当工程需要时，变形监测网的起始边，宜按国家一等三角测量的要求及本规范第二章相应等级的有关规定执行，并应采用高精度的测距仪或因瓦基线尺测定。

第三节　垂直位移监测网

第 6.3.1 条　垂直位移的监测网，可布设成闭合环、结点或附合水准路线等形式。

第 6.3.2 条　水准基准点，应埋设在变形区以外的基岩或原状土层上，亦可利用稳固的建筑物、构筑物，设立墙上水准点。当受条件限制时，在变形区内也可埋设深层金属管水准基准点。

第 6.3.3 条　水准点的标石型式，可根据现场条件和任务需要，按本规范附录四中相应规定执行。

第 6.3.4 条　垂直位移监测网的主要技术要求，应符合表 6.3.4 的规定。

表 6.3.4　垂直位移监测网的主要技术要求

等　级	相邻基准点高差中误差/mm	每站高差中误差/mm	往返较差、附合或环线闭合差/mm	检测已测高差较差/mm	使用仪器、观测方法及要求
一　等	0.3	0.07	$0.15\sqrt{n}$	$0.2\sqrt{n}$	DS_{05}型仪器，视线长度≤15m，前后视距差≤0.3m，视距累积差≤15m。宜按国家一等水准测量的技术要求施测
二　等	0.5	0.13	$0.30\sqrt{n}$	$0.5\sqrt{n}$	DS_{05}型仪器，宜按国家一等水准测量的技术要求施测

等　级	相邻基准点高差中误差/mm	每站高差中误差/mm	往返较差、附合或环线闭合差/mm	检测已测高差较差/mm	使用仪器、观测方法及要求
三　等	1.0	0.30	$0.60\sqrt{n}$	$0.8\sqrt{n}$	DS_{05} 或 DS_1 型仪器，宜按本规范二等水准测量的技术要求施测
四　等	2.0	0.70	$1.40\sqrt{n}$	$2.0\sqrt{n}$	DS_1 或 DS_3 型仪器，宜按本规范三等水准测量的技术要求施测

注：n 为测段的测站数。

第 6.3.5 条　起始点高程宜采用测区原有高程系统。无条件时，高程系统可根据经验自定。对监测面积较大的工程，宜与国家或测区原有水准点联测。

第四节　水平位移测量

第 6.4.1 条　水平位移的测量，可采用测角前方交会法、边角交会法、导线测量法、极坐标法、小角法、经纬仪投点法、视准线法、引张线法、正垂线或倒垂线法等，并应符合下列规定：

一、采用前方交会法时，交会角应在 60°～120°之间，并宜采用三点交会；

二、采用经纬仪投点法和小角法时，对经纬仪的垂直轴倾斜误差，应进行检验，当垂直角超出 ±3°范围时，应进行垂直轴倾斜修正；

三、采用极坐标法时，其边长应采用检定过的钢尺丈量或用电磁波测距仪测定，当采用钢尺丈量时，不宜超过一尺段，并应进行尺长、拉力、温度和高差等项修正；

四、采用视准线法时，其测点埋设偏离基准线的距离，不应大于 2cm；对活动觇牌的零位差，应进行测定。

第 6.4.2 条　水平位移观测点的施测精度，应按本规范表 6.1.4 中相应等级及要求的规定执行。

第 6.4.3 条　建筑物、构筑物主体的倾斜观测，应测定顶部及其相应底部观测点的偏移值。对整体刚度较好的建筑物的倾斜观测，可采用基础差异沉降推算主体倾斜值。建筑物、构筑物主体倾斜率和按差异沉降推算主体倾斜值，可按本规范附录五的公式计算。

第 6.4.4 条　建筑物、构筑物和水坝的裂缝观测，宜在裂缝两侧设置观测标志；对于较大的裂缝，至少应在其最宽处及裂缝末端各设一对观测标志。裂缝可直接量取或间接测定，分别测定其位置、走向、长度和宽度的变化。

第 6.4.5 条　混凝土坝和有条件的高层建筑物，主体挠度观测，可采用正倒垂线法，利用坐标仪或其他仪器测定各观测点相对于铅垂线的偏离值。

第 6.4.6 条　日照变形观测的观测点，宜设置在观测体受热面不同的高度处。根据温度的变化，测定各观测点相对于底点的位移值。

观测工作，宜在日出前开始，定时观测，至日落后结束。观测时应同时分别测记观测体向阳和背阳面的温度。

第 6.4.7 条　建筑场地滑坡观测的观测点，宜设置在滑坡周界附近、滑动量较大、滑动速度较快的轴线方向和滑坡前沿区等部位。在确定点位时，应考虑工程地质的需要。观测点应埋设标石，其深度不应小于 1m。

观测点，可采用测角前方交会法或极坐标法测定。滑坡观测点的点位精度，应符合本规范表 6.1.4 中相应等级的规定。

第 6.4.8 条 进行滑坡位移观测时，应同时进行垂直位移观测。垂直位移观测的技术要求，可按本规范表 6.5.3 中相应等级规定执行。当分析滑坡位移的规律时，应将观测点的水平位移量与垂直位移量进行综合判断。

第 6.4.9 条 水坝的水平位移的观测点，宜沿坝的轴线布设。土坝观测点横断面的间距，应小于 50m；混凝土坝每坝段应有 1 个横断面。

第 6.4.10 条 水坝水平位移的观测，相对于工作基点的坐标中误差，中型混凝土坝不应超过 1mm，小型混凝土坝不应超过 2mm；中型土石坝不应超过 3mm，小型土石坝不应超过 5mm。

第五节 垂直位移测量

第 6.5.1 条 建筑物的沉降观测，宜采用几何水准或液体静力水准等测量方法。单个构件，可采用测微水准或机械倾斜仪、电子倾斜仪等测量方法。

第 6.5.2 条 沉降观测点的布设，应符合下列规定：

一、能够反映建筑物、构筑物变形特征和变形明显的部位；

二、标志应稳固、明显、结构合理，不影响建筑物、构筑物的美观和使用；

三、点位应避开障碍物，便于观测和长期保存。

第 6.5.3 条 沉降观测点的精度要求和观测方法，根据工程需要，应符合本规范表 6.5.3 中相应等级的规定。

表 6.5.3 沉降观测点的精度要求和观测方法

等 级	高程中误差/mm	相邻点高差中误差/mm	观 测 方 法	往返较差、附合或环线闭合差/mm
一 等	±0.3	±0.15	除宜按国家一等精密水准测量外，尚需设双转点，视线≤15m，前后视距差≤0.3m，视距累积差≤1.5m；精密液体静力水准测量；微水准测量等	≤0.15$\sqrt{n}$
二 等	±0.5	±0.30	按国家一等精密水准测量；精密液体静力水准测量	≤0.30$\sqrt{n}$
三 等	±1.0	±0.50	按本规范二等水准测量；液体静力水准测量	≤0.60$\sqrt{n}$
四 等	±2.0	±1.00	按本规范三等水准测量；短视线三角高程测量	≤1.40$\sqrt{n}$

第 6.5.4 条 沉降观测的各项记录，必须注明观测时的气象情况和荷载变化。

第 6.5.5 条 建筑物、构筑物的沉降观测点，应按设计图纸埋设，并宜符合下列规定：

一、建筑物四角或沿外墙每 10～15m 处或每隔 2～3 根柱基上；

二、裂缝或沉降缝或伸缩缝的两侧；新旧建筑物或高低建筑物以及纵横墙的交接处；

三、人工地基和天然地基的接壤处；建筑物不同结构的分界处；

四、烟囱、水塔和大型储藏罐等高耸构筑物的基础轴线的对称部位，每一构筑物不得少于

4 个点。

第 6.5.6 条　施工期间，建筑物沉降观测的周期，高层建筑每增加 1～2 层应观测 1 次；其他建筑的观测总次数，不应少于 5 次。竣工后的观测周期，可根据建筑物的稳定情况确定。

第 6.5.7 条　建筑物、构筑物的基础沉降观测点，应埋设于基础底板上。在浇灌底板前和基础浇灌完毕后应至少各观测 1 次。基础不均匀沉降产生的基础相对倾斜值和基础挠度，宜按本规范附录六公式计算。

第 6.5.8 条　基坑回弹观测时，回弹观测点，宜沿基坑纵横轴线或在能反映回弹特征的其他位置上设置。回弹观测的标志，应埋入基底面下 10～20cm。其钻孔必须垂直，并应设置保护管。

第 6.5.9 条　回弹观测点的高程，宜在基坑开挖前、开挖后及浇灌基础之前，各测定 1 次。对传递高程的辅助设备，应进行温度、尺长和拉力等项修正。回弹观测点的高程中误差，不应超过 1mm。

第 6.5.10 条　地基土的分层沉降观测点，应选择在建筑物、构筑物的地基中心附近。观测标志的深度，最浅的应在基础底面 50cm 以下；最深的应超过理论上的压缩层厚度。

观测的标志，应由内管和保护管组成，内管顶部应设置半球状的立尺标志。

第 6.5.11 条　地基土的分层沉降观测，应在基础浇灌前开始，观测的周期，宜符合本规范第 6.5.6 条的规定。观测的高差中误差，不应超过 1mm。

第 6.5.12 条　建筑场地的沉降观测点布设范围，宜为建筑物基础深度的 2～3 倍，并应由密到疏布点。

第 6.5.13 条　水坝垂直位移测量的观测点，应沿坝轴线平行布设在能反映坝体变形的部位，并宜与水平位移观测点合设在一个标墩上。

第 6.5.14 条　水坝的观测周期，应符合下列规定：

一、坝体竣工初期，应每半个月或 1 个月观测 1 次；坝体已基本稳定时，宜每季度观测 1 次。

二、土坝宜在每年汛前、汛后各测 1 次。

三、当发生水库空库、最高水位、高温、低温、水位骤变、位移量显著增大及地震等情况时，应及时增加观测次数。

第 6.5.15 条　水坝的垂直位移观测，相对于工作基点的高程中误差，中型混凝土坝不应超过 1mm，小型混凝土坝不应超过 2mm；中型土石坝不应超过 3mm，小型土石坝不应超过 5mm。

第六节　内业计算及成果整理

第 6.6.1 条　观测工作结束后，应及时整理和检查外业观测手簿。

第 6.6.2 条　水平位移监测网的测角中误差、测距中误差及各条件方程自由项限差，应按本规范第二章中的有关公式进行计算。

垂直位移监测网，每测站的高差全中误差，应按本规范第 3.2.8 条的有关公式计算。

第 6.6.3 条　监测网的平差计算与精度评定，应根据工程需要，采用经典严密平差法或自由网平差法。

第 6.6.4 条　监测网点位稳定性的检验，可采用下列方法：

一、采用经典严密平差法平差时的检验方法，复测后两次平差值的较差应符合下式要求：

$$\Delta < 2\sqrt{2\mu^2 Q} \tag{6.6.4}$$

式中　Δ——两次平差值较差（″）；

　　　μ——单位权中误差（″）；

　　　Q——权系数。

二、采用自由网平差法平差时的统计检验方法；

三、经典法与统计检验相结合的方法。

第 6.6.5 条　内业计算取值精确度的要求，应符合表 6.6.5 的规定。

表 6.6.5　内业计算取值精确度的要求

监测网等级	方向值 / (″)	边　长 /mm	坐　标 /mm	高　程 /mm	水平位移量 /mm	垂直位移量 /mm
一、二等	0.01	0.1	0.1	0.01	0.1	0.01
三、四等	0.10	1.0	1.0	0.10	1.0	0.10

第 6.6.6 条　观测点的变形分析，应符合下列规定：

一、相邻两观测周期，相同观测点有无显著变化；

二、应结合荷载、气象和地质等外界相关因素综合考虑，进行几何和物理分析。

第 6.6.7 条　水平位移测量结束后，应根据工程需要，提交下列有关资料：

一、水平位移量成果表；

二、观测点平面位置图；

三、水平位移量曲线图；

四、有关荷载、温度、位移值相关曲线图；

五、水平位移和垂直位移综合曲线图；

六、变形分析报告等。

第 6.6.8 条　垂直位移测量结束后，应根据工程需要，提交下列有关资料：

一、垂直位移量成果表；

二、观测点位置图；

三、位移速率、时间、位移量曲线图；

四、荷载、时间、位移量曲线图；

五、等位移量曲线图；

六、相邻影响曲线图；

七、变形分析报告等。

参 考 文 献

1 李仲. 建筑工程测量. 重庆：重庆大学出版社，2005

2 王运昌. 测量仪器与实验. 北京：冶金工业出版社，1998

3 李青岳. 工程测量学. 北京：测绘出版社，1995

4 何习平. 建筑工程测量实训指导. 北京：高等教育出版社，2004

5 新北光 BTD-2/5 电子经纬仪使用说明书. 2003

6 新北光 BTS-22 全站仪使用说明书. 2003

实训报告 1 水准仪的认识

(1) 写出图 2-1 中水准仪各部件的名称

1. _____
2. _____
3. _____
4. _____
5. _____
6. _____
7. _____
8. _____
9. _____
10. _____
11. _____
12. _____

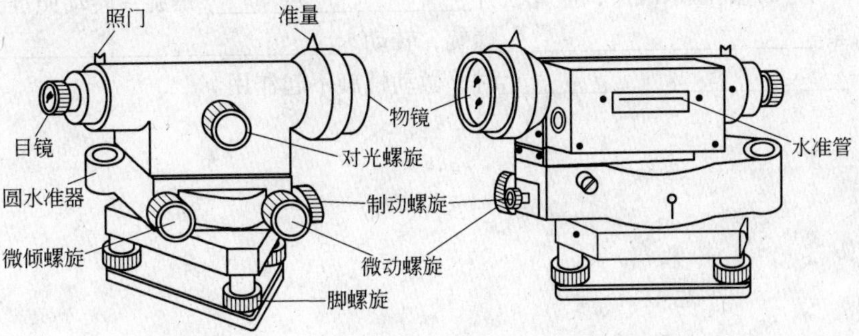

图 2-1 水准仪

(2) 读数练习

次 数	1	2	3	4	5
上 丝					
中 丝					
下 丝					

(3) 水准仪的使用观测记录表

日期：   年   月   日   天气：   观测：
班级：   小组：   仪器号：   记录：

测 站	点 号	后视读数 /m	前视读数 /m	高 差/m +	高 差/m −	高程/m	备 注
Σ							
计算校核							

（4）粗平是调节_____使_____居中。

（5）读数前，应先调节_____螺旋使_____清晰，然后再调节_____螺旋使_____清晰，并消除_____。

（6）瞄准水准尺，应先松开_____螺旋，转动照准部，大致瞄准，然后拧紧_____螺旋，转动_____螺旋，仔细瞄准。当_____时，微动螺旋不起作用。

实训报告2　水准测量记录表（双仪器高法）

日期：　　　　年　　月　　日　　　　　　　　　　天气：　　　　观测：

班级：　　　　小组：　　　　　　　　　　　　　　仪器号：　　　记录：

测 站	点 号	水准尺读数		高 差	平均高差	备 注
		后 视	前 视			
Σ						
计算校核						

水准测量成果计算表

点　号	测站数	距离 /km	实测高差 /m	改正数 /mm	改正后高差 /m	高程 /m	备　注
辅助计算							

思　考　题

(1) 水准测量时，＿＿＿＿＿＿＿＿距离和＿＿＿＿＿＿＿＿距离应大致相等。

(2) 读数前，要消除＿＿＿＿＿＿＿＿，并注意使＿＿＿＿＿＿＿＿居中。

(3) 检验高差计算是否正确，是看＿＿＿＿＿＿＿＿是否等于＿＿＿＿＿＿＿；检验高差观测是否正确，是看＿＿＿＿＿＿＿＿＿＿＿＿是否等于或小于＿＿＿＿＿＿＿＿＿＿。

实训报告 3 水准仪的检验与校正

日期：   年 月 日   天气：   观测：
班级：   小组：   仪器号：   记录：

1. 一般检验

三脚架是否牢稳	
制动及微动螺旋是否有效	
其　它	

2. 圆水准器轴平行于竖轴的检验和校正：

转180°检验次数	气泡偏差数/mm	检　验　者

3. 十字丝横丝垂直于竖轴的检验和校正：

检验次数	误差是否显著	检　验　者

4. 视准轴平行于水准管的检验和校正：

仪器在中点求正确高差		仪器在 B 点旁检验校正	
	A 点尺上读数 a_1		B 点尺上读数 b
	B 点尺上读数 b_1		A 点尺上应读数 $a\ (a=b+h)$
第一次		第一次	A 点尺上实读数 a'
	$h_1 = a_1 - b_1$		视准轴偏上（或下）之数值
	A 点尺上读数 a_2		B 点尺上读数 b
	B 点尺上读数 b_2		A 点尺上应读数 a
第二次		第二次	A 点尺上实读数 a'
	$h_2 = a_2 - b_2$		视准轴偏上（或下）之数值
	平均高差 $h = \dfrac{1}{2}(h_1 + h_2)$		B 点尺上读数 b
平　均	$h = \dfrac{1}{2}(\qquad)$	第三次	A 点尺上应读数 a
	$=$		A 点尺上实读数 a'
			视准轴偏上（或下）之数值

教师：

思 考 题

（1）水准仪有哪几条轴线，它们满足的几何条件是什么？

（2）水准仪检验的内容包括哪些，各项检验具体方法是什么？

实训报告4 水平角观测记录表

日期：　　　　年　　月　　日　　　　　　　　天气：　　　观测：

班级：　　　小组：　　　　　　　　　　　　仪器号：　　　记录：

测 站	目 标	竖盘位置	水平度盘读数 ° ′ ″	半测回角值 ° ′ ″	一测回角值	备　　注

思 考 题

（1）光学经纬仪由＿＿＿＿＿＿、＿＿＿＿＿＿和＿＿＿＿＿三部分组成。

（2）经纬仪在水平方向的转动是由＿＿＿＿＿＿＿＿＿＿＿螺旋和＿＿＿＿＿螺旋控制，望远镜在垂直方向内的转动是由＿＿＿＿＿＿＿＿＿＿＿螺旋和＿＿＿＿＿＿＿＿＿＿＿螺旋控制。

（3）经纬仪的整平是调整＿＿＿＿＿＿＿＿＿使＿＿＿＿＿＿＿＿居中，从而使其处于水平位置。

实训报告 5　水平角观测记录表（测回法）

日期：　　　年　月　日　　　　　　　　　　天气：　　　　观测：

班级：　　　小组：　　　　　　　　　　　仪器号：　　　记录：

测　站	盘　位	目　标	水平度盘读数 ° ′ ″	水平角观测角		备　注
				半测回值 ° ′ ″	一测回值 ° ′ ″	

思 考 题

（1）瞄准目标时，应先松开 ＿＿＿＿＿＿＿＿ 螺旋和 ＿＿＿＿＿＿＿＿ 螺旋，用望远镜上的 ＿＿＿＿＿＿＿＿ 和 ＿＿＿＿＿＿＿＿ 使目标在视场内后，旋紧 ＿＿＿＿＿＿＿＿ 螺旋和 ＿＿＿＿＿＿＿＿ 螺旋，再调节 ＿＿＿＿＿＿＿＿ 螺旋和 ＿＿＿＿＿＿＿＿ 螺旋使 ＿＿＿＿＿＿＿＿ 和 ＿＿＿＿＿＿＿＿ 最清晰，并消除 ＿＿＿＿＿＿＿＿，最后用 ＿＿＿＿＿＿＿＿螺旋和＿＿＿＿＿＿＿＿螺旋精确瞄准目标。

（2）“盘左”是指 ＿＿＿＿＿＿＿＿ 在 ＿＿＿＿＿＿＿＿ 的 ＿＿＿＿＿＿＿＿ 侧；“盘右”是指 ＿＿＿＿＿＿＿＿ 在 ＿＿＿＿＿＿＿＿ 的＿＿＿＿＿＿＿＿侧。

（3）测回法测量水平角时，上半测回应先瞄准＿＿＿＿＿＿＿＿目标读数，然后按＿＿＿＿＿＿方向转动仪器，瞄准 ＿＿＿＿＿＿＿＿ 目标读数，下半测回应先瞄准 ＿＿＿＿＿＿＿＿ 目标读数，然后按 ＿＿＿＿＿＿＿＿方向转动仪器，瞄准＿＿＿＿＿＿＿＿目标读数。

（4）为什么要用盘左和盘右两个位置观测水平角？

（5）测量水平角时，仪器瞄准过测站点与目标的竖直面内不同高度的点，对水平角角值有没有影响？

实训报告6　竖直角观测

1. 根据所用仪器了解竖盘构造

竖盘位置	望远镜位置	竖盘近似读数	竖盘注记形式
左	大致水平		
左	向上仰		
左	向下俯		
右	大致水平		
右	向上仰		
右	向下俯		

2. 确定竖直角及指标差的计算公式

盘左：$\alpha_L =$

盘右：$\alpha_R =$

指标差：$\chi =$

3. 竖直角观测

竖直角观测记录表

日期：　　　年　　　月　　　日　　　　　　　　　天气：　　　　观测：

班级：　　　　　小组：　　　　　　　　　　　　　仪器号：　　　记录：

测站	目标	竖盘位置	竖盘读数 。　′　″	半测回竖直角 。　′　″	指标差	一测回竖直角 。　′　″	备注

实训报告 7　经纬仪的检验与校正

日期：　　　年　　月　　日　　　　　　　　　天气：　　　　观测：
班级：　　　　小组：　　　　　　　　　　　　仪器号：　　　记录：

1. 水准管轴垂直于竖轴

检验（转180°）次数	1	2	3	4	5
气泡偏离的格数					

2. 十字丝竖丝垂直于横轴

检验次数	误差是否显著
1	
2	
3	

3. 视准轴垂直于横轴

目　标	项　目	第一次	第二次
横尺读数	盘右		
	盘左		
	$\frac{1}{4}(B_2 - B_1)$		
	$B_3 = B_2 - \frac{1}{4}(B_2 - B_1)$		

4. 横轴垂直于竖轴

项　目	第一次	第二次
P_1P_2 距离		

5. 竖盘指标差的检校

检验次数	竖盘读数		指标差 $x = \frac{1}{2}(L + R - 360°)$	盘右正确读数 $R = R' - X$
	盘左（L） 。　′　″	盘右（R） 。　′　″		。　′　″
1				
2				
3				

实训报告8 水平角观测记录表

日期: 年 月 日　　　　　　　　　　天气:　　　观测:

班级:　　　　小组:　　　　　　　　　仪器号:　　　记录:

测站	目标	竖盘位置	水平度盘读数 ○ ′ ″	半测回角值 ○ ′ ″	一测回角值 ○ ′ ″	备注

思 考 题

电子经纬仪与光学经纬仪在观测中有哪些异同点?

实训报告9 钢尺量距与测直线磁方位角

日期：　　年　月　日　　　　　　　　　天气：　　　观测：

班级：　　　小组：　　　　　　　　　仪器号：　　　记录：

线段名称	观测次数	整尺段数 n	零尺段长 L'/m	线段长度 $D=n\cdot L+L'$	平均长度 $\overline{D}/m$	相对误差 K	观测磁方位角 ° ′ ″	平均磁方位角 ° ′ ″	备　注

实训报告 10　经纬仪视距测量

班　　　　组　　　　　　日期　　　　　　　　　　　　　　观测：
测站高程 $H_0 =$ 　　　　　　　仪器高 $i =$ 　　　　　　　　　　记录：

点号	尺间隔	中丝读数	竖盘读数 ° ′	竖直角 ° ′	初算高差	改正数	改正高差	水平距离	测站高程	备　注

实训报告 11　经纬仪钢尺导线测量记录表

日期：　　　年　月　日　　　　　　　　　　天气：　　　　观测：

班级：　　　小组：　　　　　　　　　　　　仪器号：　　　记录：

测站	盘位	目标	水平盘读数 ° ′ ″	半测回角值 ° ′ ″	平均角值 ° ′ ″	边名	边长/m

实训报告 12　经纬仪测绘法测绘地形图

碎部测量记录表

测站高程：　　　　　　仪器高 I：　　　　　　观测：　　　　　　记录：

点　号	上丝 下丝	尺间隔	中丝 读数	竖盘读数 。′″	竖直角 。′″	水平距离	水平角 。′″	测点高程	备　注

实训报告 13　全站仪的认识与使用

班级：_____　　姓名：_____　　小组：_____　　学号：_____　　成绩：_____

全站仪测量记录表

测站	测回	仪器高 /m	棱镜高 /m	竖盘位置	水平角观测		竖直角观测		距离高差测量			坐标测量		
					水平度盘读数 ° ′ ″	方向值或角值 ° ′ ″	竖直度盘读数 ° ′ ″	竖直角 ° ′ ″	斜距 /m	平距 /m	高程 /m	X /m	Y /m	H /m

日期：_____年____月____日

实训报告 14　点的平面位置的测设与龙门板的设置

建筑施工测量记录

工程名称		施工图号	
施测单位		使用仪器号码	
施测项目		施测时间	

测量成果（示图或说明）：

施工员		检查意见：
技术员		
质检员		
测量员		建设单位代表：（章）

实训报告 15　管道中线及纵横断面测量

观测：

记录：

1. 管线中线测量

（1）管线主点测设草图

（2）绘出中线桩和带状图（草图）

2. 纵断面水准测量手簿

测站	桩号	水准尺读数			高差		仪器视线高	高程
		后视	前视	中间视	+	−		

3. 横断面水准测量手簿

| 测　站 | 桩　号 | 水准尺读数 | | | 高　差 | | 仪器视线高 | 高　程 |
		后　视	前　视	中间视	+	−		

实训报告 16　圆曲线放样 I（切线支距法）

1. 写出用切线支距法放样圆曲线时各类元素的计算公式：

$T =$　　　　　　　　　　　　　　$L =$

$E =$　　　　　　　　　　　　　　$q =$

$x_i =$　　　　　　　　　　　　　$y_i =$

观测：

记录：

2. 在下表中填写放样圆曲线的数据

点　名	曲线长	里　程	坐　标　值		备　注
			x	y	
ZY	0				
1	10				
2	20				
3	30				
4	40				
5	50				
6	60				
7	70				

实训报告 17 圆曲线放样 II（偏角法）

1. 写出下列偏角的计算公式：

$\delta_1 =$ $\delta_i =$

$\delta_8 =$

2. 在下表中填写放样圆曲线的数据

观测：

记录：

点 名	曲线长	里 程	偏 角 值 正 拨 ○ ′ ″	偏 角 值 反 拨 ○ ′ ″	备 注
ZY	0				
1	10				
2	20				
3	30				
4	40				
5	50				